M. Fernandus Durai

Bioquímica Vegetal

M. Fernandus Durai

Bioquímica Vegetal

ScienciaScripts

Imprint

Any brand names and product names mentioned in this book are subject to trademark, brand or patent protection and are trademarks or registered trademarks of their respective holders. The use of brand names, product names, common names, trade names, product descriptions etc. even without a particular marking in this work is in no way to be construed to mean that such names may be regarded as unrestricted in respect of trademark and brand protection legislation and could thus be used by anyone.

Cover image: www.ingimage.com

This book is a translation from the original published under ISBN 978-613-9-98214-1.

Publisher:
Sciencia Scripts
is a trademark of
Dodo Books Indian Ocean Ltd., member of the OmniScriptum S.R.L Publishing group
str. A.Russo 15, of. 61, Chisinau-2068, Republic of Moldova Europe
Printed at: see last page
ISBN: 978-620-4-16608-7

Índice

Capítulo 1

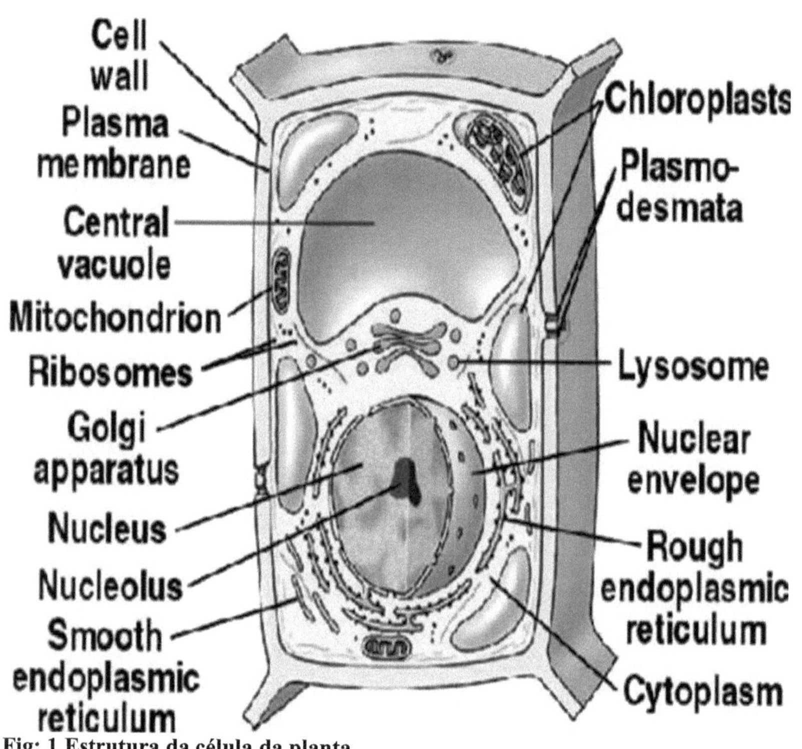

Fig: 1 Estrutura da célula da planta

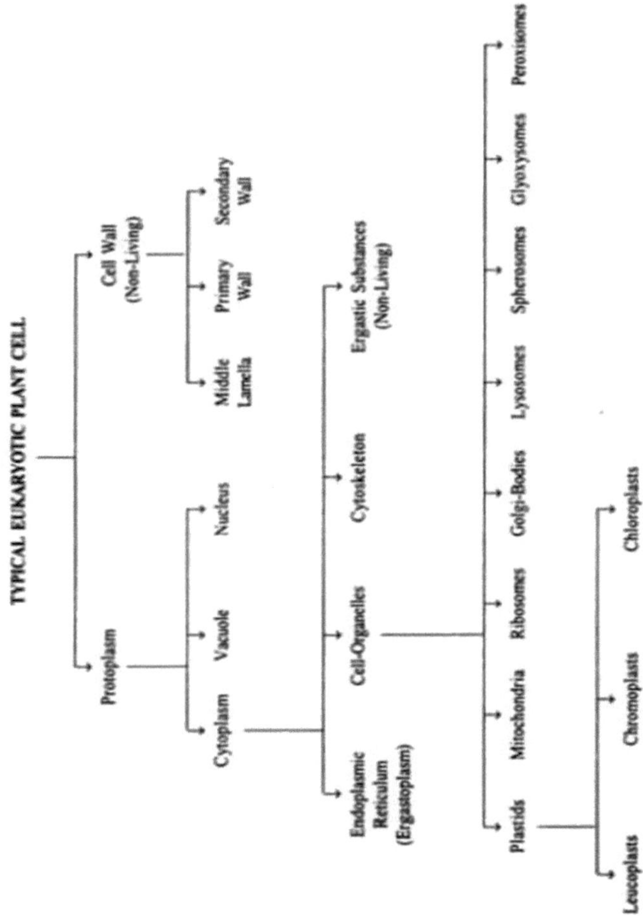

CELL

A célula é uma unidade estrutural e funcional de todas as plantas e animais.

CÉLULA PLANTA

A célula vegetal pode ser definida como uma massa nucleada unitária organizada de protoplasma, delimitada por uma parede celular, existente isoladamente ou em grupos e contendo estrutura de vários tipos. As células vegetais são a unidade básica da vida no organismo da planta do reino.

São células eucarióticas, que têm um verdadeiro núcleo juntamente com estruturas especializadas chamadas organelas que desempenham diferentes funções. Animais, fungos e protists também têm células eucarióticas, enquanto bactérias e arquebactérias têm células procarióticas mais simples. As células vegetais são diferenciadas das células de outros organismos pelas suas paredes celulares, cloroplasto e vacúolo central.

Diferença entre célula vegetal e animal

S.NO	PLANT CELL	ANIMAL CELL
1.	Cell wall present	Absent
2.	Vacuoles present	Absent
3.	Chloroplasts present	Absent
4.	Centrosomes & Centrioles	Present

ORGANELAS CELULARES DAS PLANTAS

As organelas das células vegetais são:
Plastids
Mitocôndria
Ribosomas
Golgibodies
Lisossomas
Esferossomas
Glyoxysomes
Peroxisomas

1. **ESTRUTURA E FUNÇÃO DO POÇO DA CÉLULA DA PLANTA**

    A parede celular é composta por três partes:

    1. Lamela média

    2. Muro primário

    3. Muro secundário

1. **Lamela média**

Consiste em ácido péctico sob a forma de sais Ca & Mg. O ácido péctico é uma longa cadeia de compostos de ácido poligalacturónico. É hidrófilo por natureza. A camada de material de cimentação, composta de pectatos e substâncias semelhantes, entre as paredes das células adjacentes.

Um material intercelular rico em pectina que cola as células adjacentes. Uma membrana fina e pegajosa entre as células da planta que cimenta as paredes celulares juntas. Isto é essencial para as plantas porque lhes dá estabilidade, e permite que as plantas possam a partir de plasmodesmados entre as células.

A lamela central é a primeira camada que se forma, que se deposita no momento da citocinese. Esta camada é constituída basicamente por pectatos de cálcio e magnésio.

2. **Muro primário**

Consiste em celulose, um polissacarídeo em que as unidades de p - D Glucose unidas por ligações glicosídicas de 1,4. As cadeias de celulose a partir de uma rede de fios de celulose. É de natureza fortemente hidrofílica.

A parede de uma célula vegetal que se forma primeiro em torno do protoplástico, composta de microfibrilas de celulose alinhadas em todos os ângulos e mantidas juntas por ligações de hidrogênio. Uma camada fina, flexível e extensível da parede celular composta de celulose, pectina e hemiceluloses.

3. Muro secundário

É a parede celular formada mais tarde e a parede celular interna à primária. É espessa e não está presente nas células meristemáticas e parenquimatosas. É irregular em espessura e não - elástico. Cresce por acreção. É composto por hemiceluloses, lignina e pectina. Paredes secundárias presentes principalmente em células mortas, como traqueídios e esclerênquios. É constituída por celulose e lignina. A lenhina é um polímero de compostos fenólicos.

Ex: Fenil propano p - álcool cumarílico, álcool sinapílico, etc. A parede secundária será excitada em 3 camadas distintas.

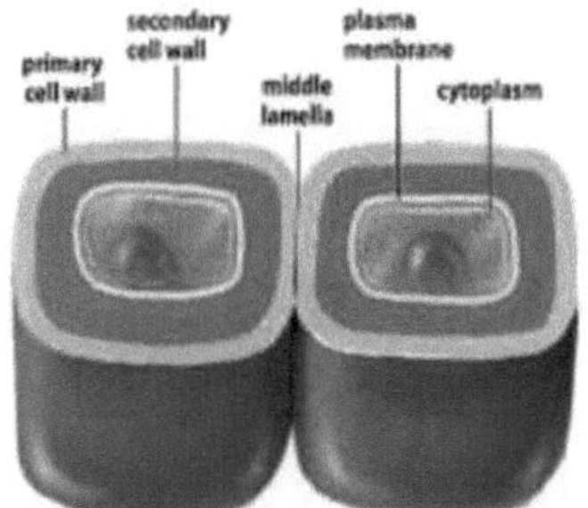

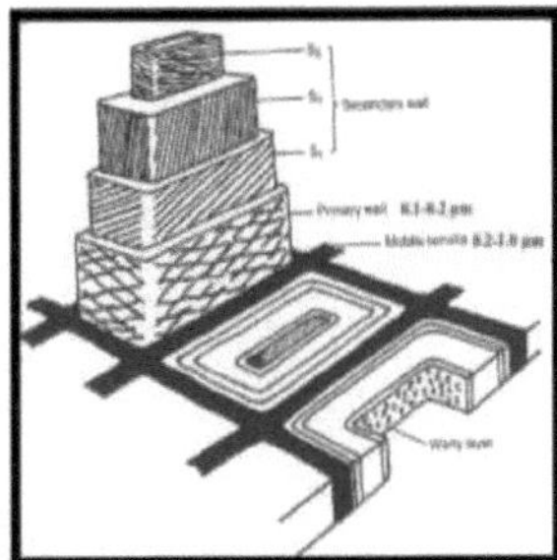

Fig: 2 Estrutura da parede celular Fig: 3 Parede celular secundária

MEMBRANA PLASMÁTICA

Um dos limites mais exteriores do citoplasma. É também conhecido como lema de plasma ou ectoplasma. É constituído por fosfolípidos e proteínas de cerca de 75 A de espessura. A membrana plasmática é seletiva ou diferencialmente permeável na natureza. O modelo de mosaico fluido proposto pela cantora & Nicolson revela a estrutura da membrana plasmática em vista aceita. De acordo com este modelo, a membrana consiste em dupla camada de lipídios anfhipáticos e proteínas globulares, as proteínas e compostos da membrana não são fixos, podendo flutuar sobre os fosfolípidos, criando assim um mosaico de substância. Na camada bi de lipídios, os 'rabos' hidrofóbicos apontam um para o outro e a superfície é composta de cabeça hidrofílica.

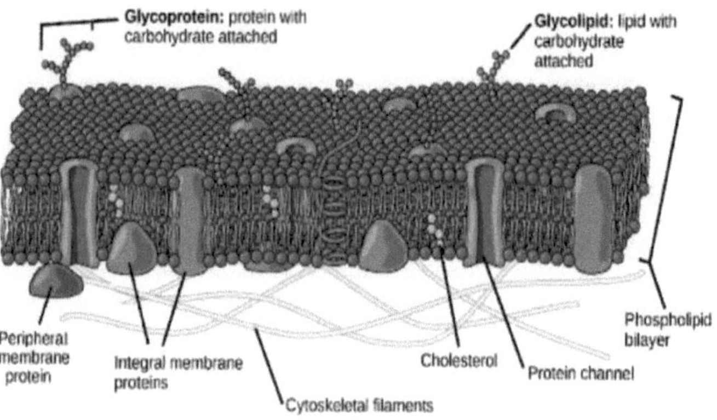

NUCLEUS

O núcleo consiste em membrana de dupla camada composta por fosfolípidos e proteína chamada de membrana nuclear. O espaço entre as 2 camadas é chamado como espaço per-nuclear. A membrana nuclear pode interromper com poros nucleares.

Uma rede granular de cromatina presente no interior do núcleo em nucleoplasma. A rede de cromatina consiste em DNA, nucleoproteínas e histonas. O núcleo também contém um corpo esférico denso que contém RNA e Proteínas conhecidas como nucléolos.

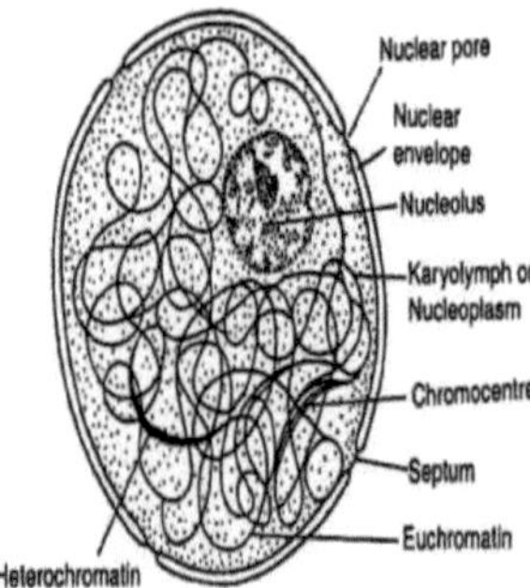

Uma célula madura tem um grande buraco de vácuo. O vacúolo é rodeado por Tonoplast ou membrana vacuolar. É também seletivamente permeável e lipoproteína na natureza.

Actua como uma barreira entre o citoplasma e o vacúolo. O vacúolo é preenchido com uma solução aquosa de muitas substâncias inorgânicas, orgânicas e gases que é conhecida como célula - seiva - seiva mantém as relações osmóticas da célula.

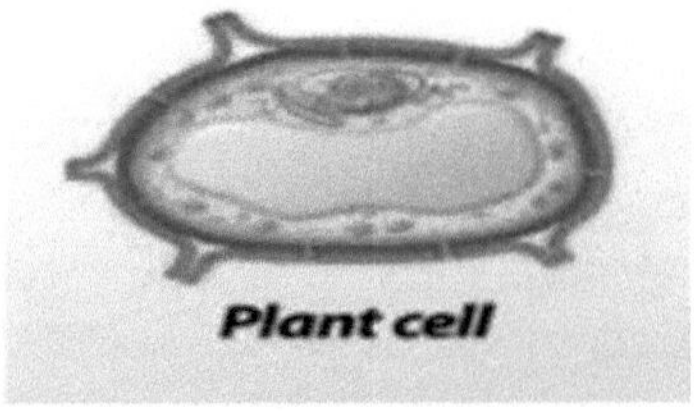

Fig.: 6 Vacuole

RETÍCULO ENDOPLASMÁTICO

Uma rede de membranas emparelhadas dobradas de forma indiferente e espaços fechados chamados de cisterna.

Todo este sistema de membranas chamado de retículo endoplasmático ou ergastoplasma. Retículo endoplasmático associado a ribossomos chamados de rugosos.

Retículo Endoplásmico e quando sem ribossomos conhecido como retículo Endoplásmico liso. O retículo endoplásmico extende-se ao núcleo e está ligado à membrana nuclear. Sua principal função é a síntese de proteínas e transformação de proteínas, modificação pós-tradução de proteínas. Está envolvida no movimento do protetor de células.

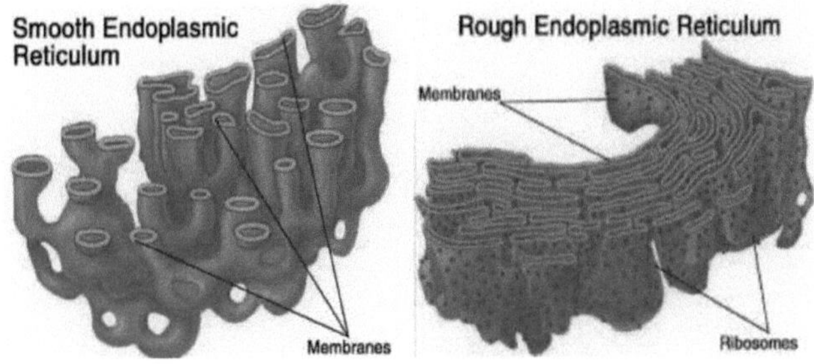

CYTOSKELETON

Uma rede de 3 dimensões interligadas de filamentos de proteínas através do citoplasma é chamada de citoesqueleto. Ele fornece estrutura e organização ao citoplasma e forma à célula. Também ajuda no movimento das organelas na mitose, meiose, citocinese da célula.

Três tipos de citoesqueleto

1. Filamentos de actina

2. Microtubos

3. Filamentos intermédios.

1. Filamentos de actina

É comum em todas as células, composto de proteínas chamadas actina. As moléculas de actina são polimerizadas a partir de subunidades de actina. Duas cadeias são entrelaçadas de forma helicoidal a partir de um filamento ou microfilamento de actina. Estes filamentos fornecem rigidez e forma à superfície da célula e participam em movimentos.

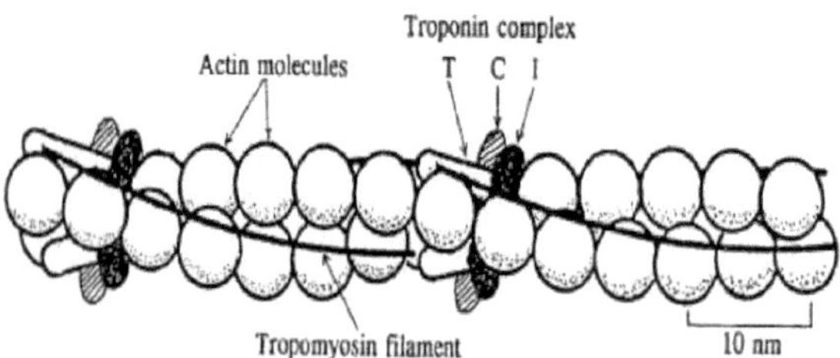

2. Microtubos

É um cilindro oco sem membrana e alongado. É uma proteína globular conhecida como tubulinas de p. 3 Categorias:

--------------------Fuso nuclear microtubular

MicrotubosEstrutura   de flagelos e   cílios

MicrotubulesCitoplasma

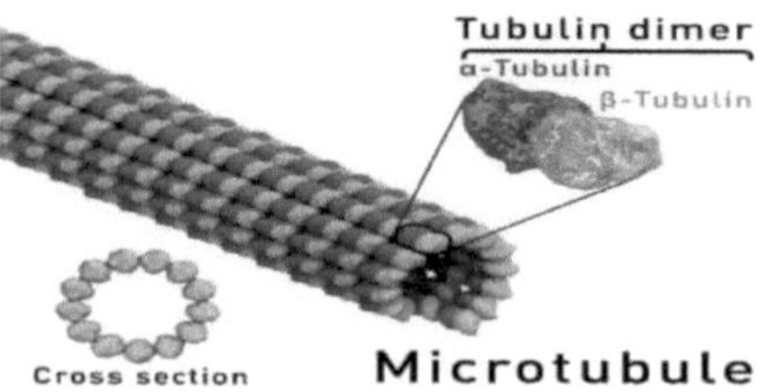

3. Filamentos intermédios

Este é um intermediário entre a actina e os filamentos dos microtubos. É composto por diferentes tipos de subunidades de proteínas monoméricas. Dá o suporte mecânico interno e as posições às organelas.

SUBSTÂNCIAS ERGÁSTICAS

Substância errgástica ou as inclusões celulares são os materiais alimentares reservados, tais como amido, taninos, resinas, gomas, óleos. Látex, alcalóides e sal mineral.

ORGANELAS SUBCELULARES

1. PLASTIDS

Os plastids são pequenas organelas vesiculares que surgem dos proplastids.

2 tipos de proplastids:

1. Leucoplastos: (Amyloplasts)

Incolor, actua como sensor de gravidade e desempenha um papel no gravitoplasma. Ex: tubérculos de batata.

2. Chromoplastos

Plásticos coloridos, contém pigmentos carotenóides; mas falta de clorofila.

CLOROPLASTOS

Plastos verdes. Discoidais ou elipsoidais em forma. É delimitado por 2 membranas como camada lipo-proteica. O cloroplasto é preenchido com uma matriz chamada estroma e embutida em grana. As grana-lamelas são colocadas uma por cima da outra pilha de moedas chamadas tilacóides. Os grana são os principais locais de fotossíntese.

Contém clorofilas e outros pigmentos. A reação escura tem lugar em estroma. Na ausência de luz, os proplastídeos formam etioplastos. É um pigmento precursor verde amarelo chamado protoclorofila. As protoclorofilas são convertidas em clorofila.

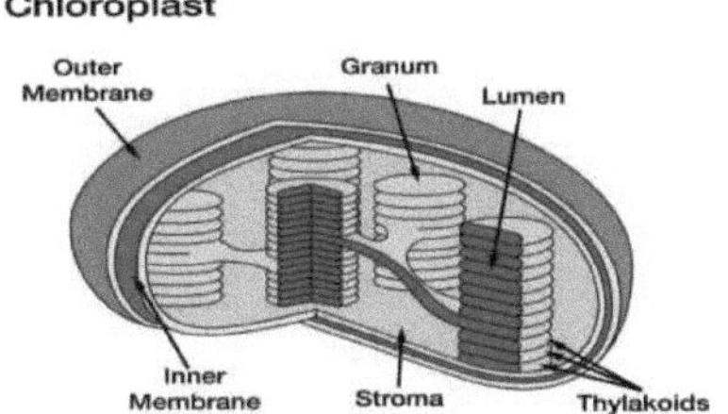

MITOCÔNDRIA: (CONDRODROMOS)

As mitocôndrias são estruturas muito pequenas, esféricas ou em forma de haste. Possui membranas lipo proteicas de dupla camada, um espaço fechado entre as 2 membranas chamadas de espaço intermembrana. a membrana mitocondrial interna é invaginada a dobras semelhantes a dedos chamadas de cristae.

Uma fase terrestre da mitocôndria chamada matriz. A membrana externa é permeável e a membrana interna é seletivamente permeável. As mitocôndrias são locais de respiração celular; tem as enzimas para o ciclo de krebs e os componentes da cadeia de transporte de elétrons.

No local interno da cristae estrutura em forma de pequeno botão chamado complexo fosforilante ou conjuntos respiratórios. As mitocôndrias são chamadas como casa de força da célula porque a energia está presa dentro das mitocôndrias sob a forma de moléculas ATP. Ela também contém ribossomos, DNA e RNA.

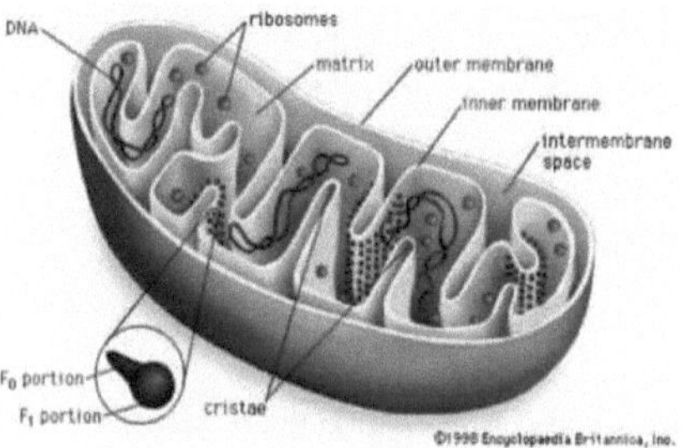

Fig: 11 Mitocôndria

RIBOSOMES: (microsomas /RNP - ribonucleoproteína /RNP-grânulos /Claude's partículas)

Estas são estruturas esféricas, locais de síntese de proteínas. Pode estar associado ao retículo endoplasmático e também livremente presente no citoplasma. Um agregado ou grupo de ribossomos ligados a um único m-RNA e envolvidos na síntese de polipéptidos em separado.

Tal grupo ou aglomerado de ribossomos é chamado de poli-ribossomo ou polissoma. Em plantas superiores os ribossomos que têm um coeficiente de sedimentação de 80S&dissociar em 2 subunidades de 60S e 40S

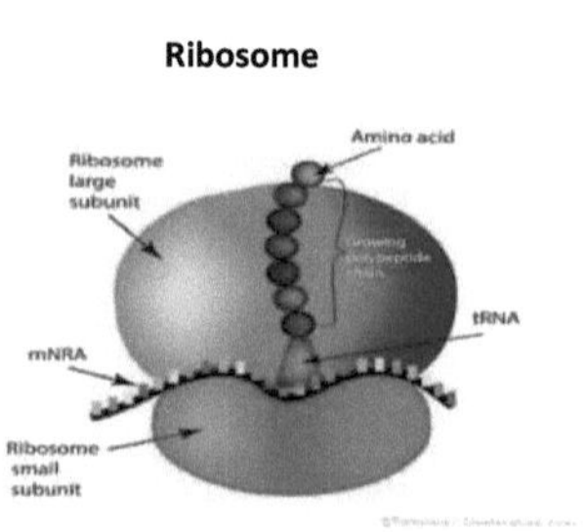

Fig: 12 Ribossomas

GOLGIBÓDIOS: DICYTOSOMAS OU GOLGICOMPLEX

Os corpos Golgi são um estoque de 3-6 sacos de membrana achatados ou cisterna, que são ligeiramente curvos e estão dilatados nas margens. As cisternas não são contíguas, os elos cruzados de proteínas mantêm as cisternas unidas. Uma pequena vesícula apresenta-se na extremidade da cisterna. A face da cisterna próxima à membrana plasmática é chamada de face trans, a face próxima ao centro da face cisterna é a face cis. A proteína sintetizada a partir do RER é primeiramente transferida para a membrana ER e glicosilada. Em seguida, a proteína é modificada dentro do corpo de ouro e é liberada em pequenas vesículas que brotam do lado trans da cisterna. A principal função do golgibody é dirigir as proteínas para o local alvo na célula. Também está envolvido na formação da parede celular, sintetizando polissacarídeos e proteínas não-celulósicas.

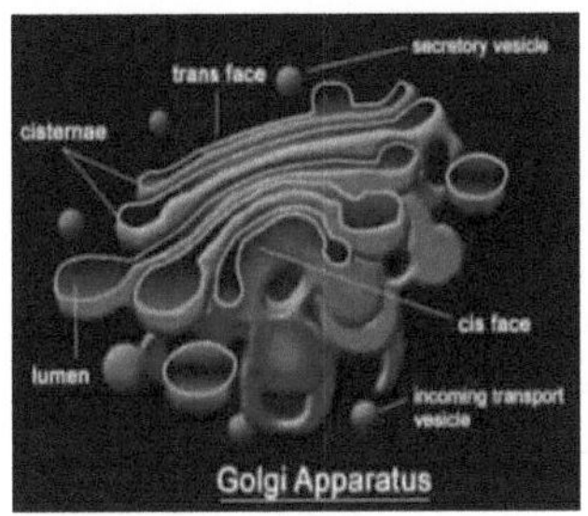

Fig: 13 Golgibodies
LYSOSOMES

Uma organela no citoplasma de células eucarióticas contendo enzimas degradativas encerradas em uma membrana. Os lisossomas são vesículas especializadas dentro das células que digerem moléculas grandes através do uso de enzimas hidrolíticas. Os lisossomas contêm mais de 60 enzimas diferentes que lhes permitem realizar estes processos. É uma estrutura esférica minúscula e contém as enzimas de acção lítica. É também conhecido como saco suicida porque quando a membrana é rompida as enzimas são liberadas no citoplasma causando a sua desintegração. (lise)

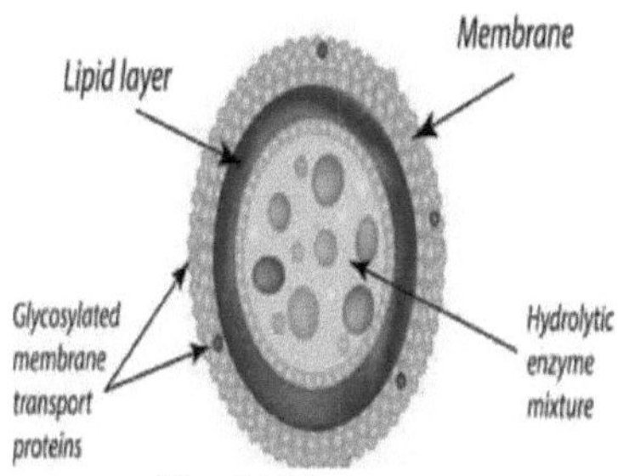

Fig: 14 Lisossomas

ESPELHEROSOMES

Uma pequena estrutura esférica rodeada por uma membrana. Até 1mm de diâmetro e ligada por uma única membrana, sintetiza e armazena os lípidos. A mais pequena organela celular da célula.

Também é conhecido como Oleosomas ou corpos oleosos porque armazenam gorduras (triglicéridos). Proteínas específicas 'Oleosinas' encontradas na membrana. Ex: corpos de cera de Jojoba.

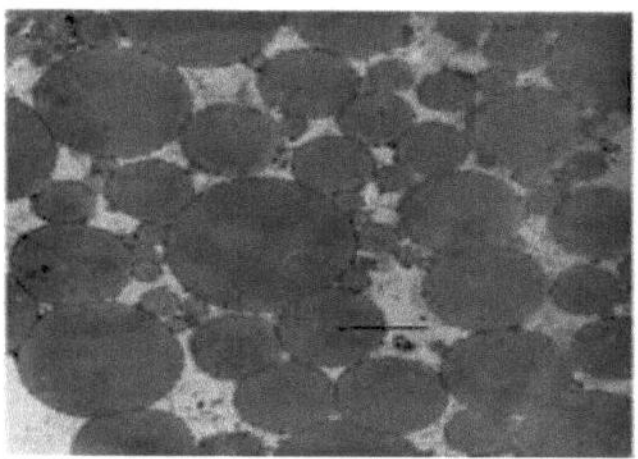

Fig: 15 Esferossomas

GLYOXYSOMES

Glioxissomas um tipo de organela que contém enzimas do ciclo do glioxilato. É encontrado nas plantas, particularmente nas sementes germinativas. Os corpos esféricos consistem em estroma granular fino rodeado por uma única membrana. Contém enzimas chave do ciclo do glioxilato, ou seja, isocitratase e malate synthetase. Está presente principalmente nas sementes gordurosas germinantes.

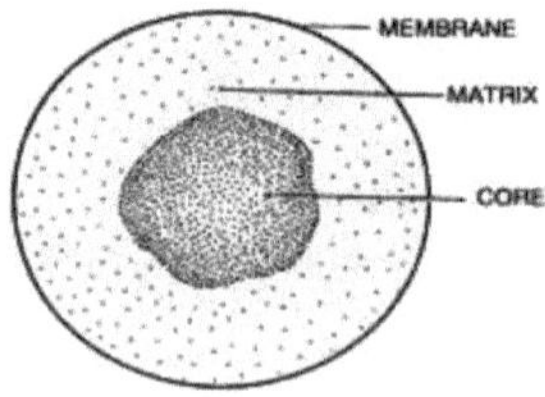

Fig: 16 Glioxissomas

PEROXISOMES

Nas plantas, os peroxissomas desempenham papéis importantes na germinação e fotossíntese das sementes. Estes são semelhantes aos glioxissomas em forma e tamanho. Estes também consistem de um estroma denso rodeado por uma única membrana. Contém as enzimas do metabolismo do glicolato e da fotorrespiração.

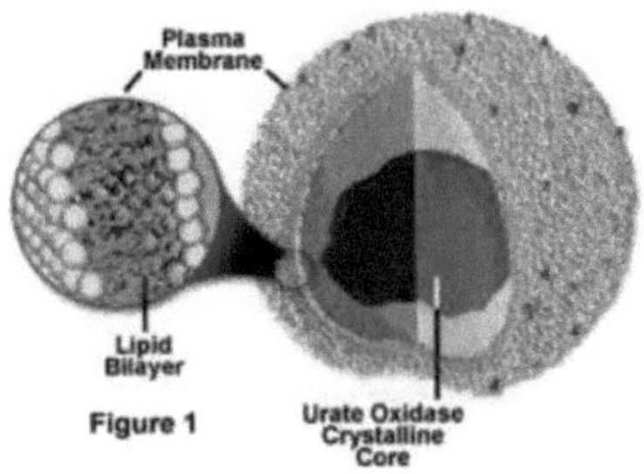

Fig: 17 Peroxisomas

ABSORÇÃO DE ÁGUA

A captação de água pelas plantas é chamada absorção de água.

Importância biológica da água para as plantas

A água é o principal constituinte do protoplasma (90% - 95%). Ela desempenha um papel importante em muitas reacções metabólicas. Ela mantém a turgescência da célula. Actua como solvente para muitas substâncias e para a translocação dos solutos.

ÁGUA DO SOLO

O solo é o meio de absorção de minerais e matéria orgânica.

1. **Holard:** Uma quantidade total de água presente no solo.
2. **Chesard:** A disponibilidade de água para as plantas.
3. **Echard: A** água não disponível apresenta-se no solo.

Tipos de água do solo

1. **Água gravitacional:** Devido à gravitação, a água chega às profundezas do solo. As plantas não conseguem absorver esta água.
2. **Água capilar:** A água envolve as partículas do solo em forma de vapor fino& não disponível para as plantas.
3. **Água higroscópica:** A água envolve as partículas do solo em partículas finas de e não disponíveis para as plantas.
4. **Água cristalina/ água quimicamente combinada:** a água é limitada por produtos químicos.
5. **Água corrente:** é água não disponível, depois das chuvas flui através das encostas.

ALGUMAS DEFINIÇÕES

1. DIFUSÃO

Os movimentos de partículas ou moléculas de uma região de maior concentração para uma região de menor concentração são chamados de difusão.

2. OSMOSIS

Os movimentos das moléculas de água através de uma membrana semipermeável da região de maior concentração para a região de menor concentração de água são chamados de osmose.

3. IMBIBIÇÃO

A captação ou absorção de água por substância sólida (colóides hidrofílicos) sem formar uma solução é chamada de imbibição.

4. PRESSÃO TURGOR - (TP)

A pressão hidrostática exercida pelo protoplasma contra a parede celular, como resultado da entrada de água, é chamada de pressão turgor. A condição dissolvida da célula é chamada turgidez. Quando a pressão de turgor é máxima não pode absorver água, a chamada turgidez.

5. PRESSÃO DE SUCÇÃO - (SP)

A pressão que provoca a entrada de água na pressão de sucção de uma célula da planta.

6. DEFEITO DE PRESSÃO DE DIFUSÃO - (DPD)

A diferença na quantidade de pressão de difusão entre uma solução e seu solvente é chamada de déficit de pressão de difusão. (DPD = SP = OP - TP)

LOCAL DE ABSORÇÃO DE ÁGUA

A maior parte da água necessária para a planta é absorvida pelas raízes. Uma parte se desenvolve a partir do radical da semente germinada é conhecida como raiz.

FUNÇÕES DE RAIZ

- Dá a âncora para as plantas.
- Pode absorver água e minerais.
- O seu local de biossíntese.
- Actua como um local de armazenamento de substâncias de crescimento de

plantas. Ex: Cytokinnin, Gibberlins, ABA.

- Também armazena hidratos de carbono.

ESTRUTURA DE RAIZ

1. **CAPO RODOVIÁRIO**

   É uma ponta da raiz, protege a raiz de lesões no crescimento.

2. **ZONA DE MERISTAMATIC REGION**

   Sua região de divisão celular, 1mm de comprimento, paredes de células finas e tem protoplasma.

3. **ZONA DE ALONGAMENTO**

   Tem de 2 a 5 nm de comprimento. Quando as raízes se alongam, os pêlos mais velhos morrem, novos pêlos radiculares são desenvolvidos.

4. **CABELO RODOVIÁRIO**

   A água é absorvida através dos pêlos das raízes. É um pêlo tubular como as projecções das células epidérmicas. É uma única célula e coberta por uma parede celular de celulose e pectina, que são hidrofílicas na natureza. Tem vacúolos preenchidos com seiva celular. I 1mm de área de pêlos radiculares estará presente.

5. **ZONA DE DIFERENCIAÇÃO**

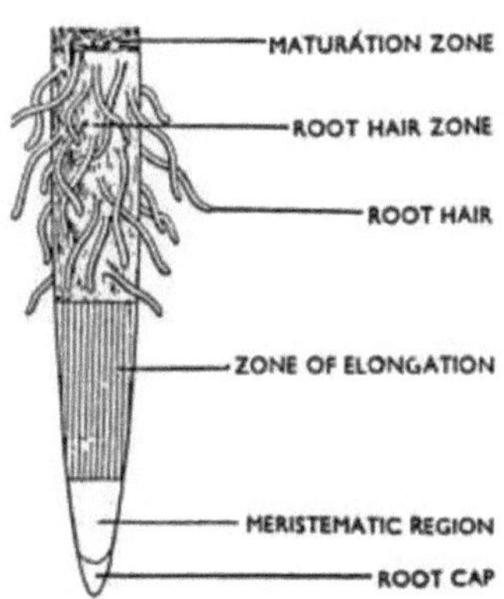

Fig: 19 Absorção de água

O CAMINHO DA ÁGUA ABSORVIDA

A água é absorvida do solo pelas células capilares das raízes. Do pêlo da raiz move-se para as células epidérmicas, que são pilosas em camadas simples e não contêm estomas e cutículas, depois move-se para as células corticais.

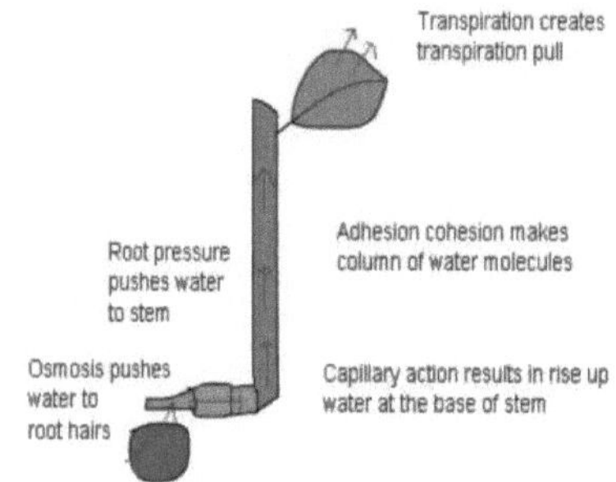

Fig: 20 Caminho da Água Absorvida

As células córtex são as multicelulares, parenquimatosas com espaço aéreo intercelular. Atravessando as células corticais, a água chega à endoderme.

As células endodérmicas que se encontram em frente aos pêlos radiculares são células de passagem. Elas são permeáveis à água porque não apresentam espessamento caspariano em suas paredes. Outras células endoderme têm deposição de suberina ou cutina conhecida como tiras casparianas.

A água das células de passagem para as células do periciclo, e as células do xilema. Através dos tubos de xilema, a água sobe pelo caule para alcançar as folhas.

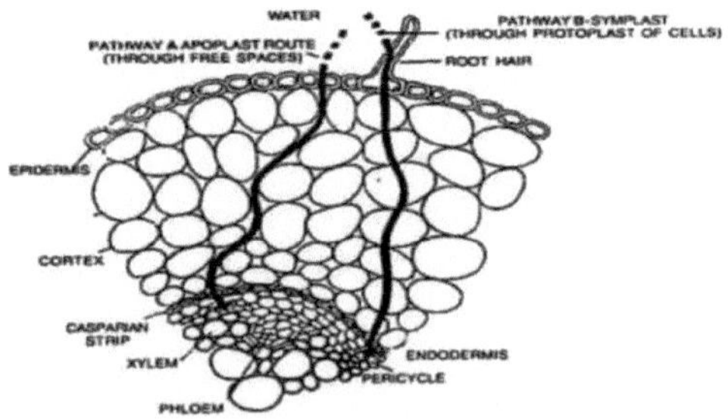

Fig: 21 Água Absorvida

MECANISMO DE ABSORÇÃO DE ÁGUA

O mecanismo de absorção de água é de dois tipos;

1. Absorção activa

- Osmotic (por Alkins/Priestly)

- Não osmáticos (Thimann & Kramma)

2. Absorção passiva

I. Absorção activa

Quando as raízes absorvem água pelos seus próprios efeitos, é conhecida como absorção activa. Ocorre quando a transpiração é baixa e a quantidade de água no solo é alta. A energia metabólica libertada através da respiração é consumida.

Dois tipos

1. Absorção osmótica

- As imbibições da água do solo pela parede celular hidrofílica dos pêlos radiculares.
- A pressão osmótica da seiva celular da raiz é maior que o OP da água do solo e os pêlos radiculares têm menos pressão turgor (TP).
- O resultado é um déficit de pressão de difusão e aumento da pressão de sucção dos pêlos radiculares.
- Assim, a água do solo entra nos pêlos radiculares através da membrana plasmática semipermeável por endosmose.
- Como resultado, a pressão turgor irá aumentar.
- Agora as células corticais adjacentes aos pêlos radiculares têm maior OP, DPD e menor TP em comparação com os pêlos radiculares. Portanto, a água é atraída para as células corticais adjacentes a partir dos pêlos radiculares por difusão osmótica.
- Da mesma forma, a água move-se gradualmente de célula para célula difusões osmóticas e atinge as células corticais e endoderme mais internas.
- Por último, a água é atraída para o xilema a partir de células de periciclo túrgido. Quando a água entra no xilema a partir do periciclo uma pressão é desenvolvida no xilema das raízes é conhecida como pressão da raiz.
- A pressão da raiz pode elevar a água até uma certa altura no xilema.

Objeção

Xilema tem seiva celular muito diluída e é metabólicamente inativo, sua pressão osmótica é menor (2atm). Portanto, não há possibilidade de movimento de água das células corticais para as células do xilema.

2. Absorção activa não osmótica de água

- O cabelo das raízes absorve água sem o envolvimento de forças osmóticas. Ocorre contra o gradiente osmótico.
- Às vezes a absorção de água ocorre mesmo quando o OP da água do solo é maior do que o OP da seiva celular.
- Requer o gasto de energia metabólica através da respiração.

Pontos de apoio

1. O fator que inibe a respiração também diminui a absorção de água, Ex: KCN.
2. Auxin, que aumentam as atividades metabólicas das células estimulam a absorção de água.
3. Murchamento das raízes das plantas no solo deficitário em O2.
4. A absorção de água será muito mais rápida durante o dia e mais lenta durante a noite.

II. Absorção passiva

- Ocorre principalmente devido à transpiração.
- As raízes permanecem ativas e as forças de absorção de água são produzidas primeiro nas células dos beirados. As células radiculares permanecem passivas durante este processo.
- Quando a DPD aumenta na célula das folhas devido à transpiração, a água difunde-se das células xilema das folhas para as células mesofílicas.
- Quando a taxa de transpiração é elevada, é criada uma tensão na coluna de água de xilema que aumenta o DPD da água. Esta tensão move-se das folhas para as raízes. A água absorvida pelas raízes para compensar a perda de água.
- Assim, a taxa de absorção de água passiva é diretamente proporcional à taxa de transpiração.

Pontos de apoio

- É um processo físico.
- Pode ser regulado.
- É universalmente aceite.

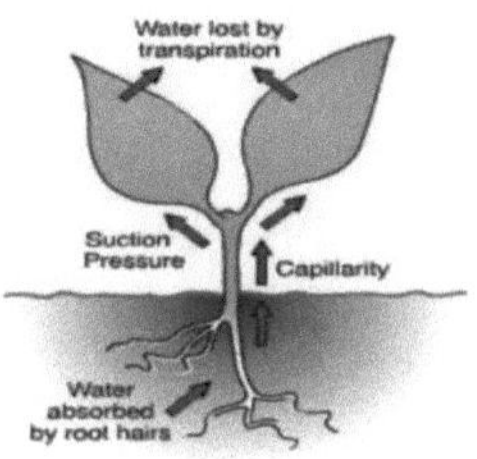

Fig: 22 Absorção Passiva

APOPLAST E CONCEITO SYMPLAST
Proposta por 'Munch'.

APOPLAST	SYMPLAST
It occurs in non living dead portions of plant cells. Ex: interconnecting cell walls, intercellular spaces, and cell wall of endothermal cells, casparian strips, trcheids and vessels.	It occurs in living portion. Ex: cytoplasm plasmodesmata.
Water moves by free diffusion or capillary action.	Water moves by osmosis.
Continuous.	Non – continuous.

Diferença entre Absorção Ativa e Absorção Passiva

ACTIVE ABSORPTION	PASSIVE ABSORPTION
Activity of roots hairs	Activity if leaves and roots
Roots hair has more DPD composed to soil solution	Mesophyll cells of leaves has high DPD due to transpiration
Symplast movement	Apoplast movement
Not accepted unniversaly	Universally accepted

ATENÇÃO DO SAP

A água e os sais minerais absorvidos pelas raízes chegam às folhas através do caule e dos ramos da planta. O fenômeno da ascensão da água adsorvida contra a gravitação através dos vasos e traqueias do xilema é chamado de ascensão da seiva.

Caminho de ascensão da seiva

A ascensão da seiva ocorre através do xilema que foi provado por uma experiência de zumbido.

Uma planta em vaso saudável é seleccionada.

Um anel de casca (todos os tecidos exteriores ao xilema) é removido do caule. A experiência é deixada por alguns dias.

As folhas acima da parte anelada do caule permanecem frescas e verdes.

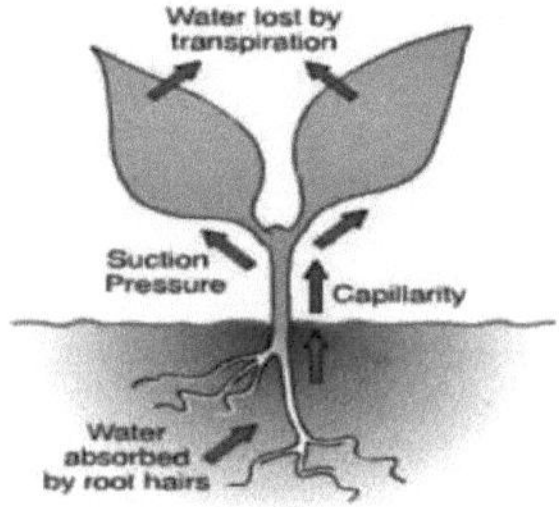

Fig: 23 Ascensão da seiva

- Isto porque a ascensão da seiva se dá através do xilema.

Anatomia dos tecidos de xilema

Vários tipos diferentes de células, vivas e não vivas, compreendem tecido xilema. Eles são

1. Elementos traqueométricos e vasos.
2. Fibras de xilema.
3. Parênquima vivo

1. Elementos traqueométricos e vasos

- Estas são células alongadas.
- Tem lenhificado a parede celular secundária
- Quando estão maduros e funcionais, eles se tornam mortos.
- Não há nenhum protóplast interferente.
- Existem células longas em forma de fuso com fossos bordejados.
- Este longo tubo de rede estende-se a todas as áreas, dando um caminho contínuo para o movimento da água.
- As fossas encontram-se ao longo de 2 embarcações e 2 traqueias, formando pares de fossos.

2. **fibras de xilema**

São células longas, finas e afuniladas, com parede celular muito espessa.

- Morre na maturidade
- Dá suporte físico ao movimento da água

3. **Parênquima vivo**

- a sua função é o armazenamento de alimentos [amido].
- facilita o transporte lateral de água e nutrientes

MECANISMO DE SUBIDA DA SEIVA

Várias teorias foram apresentadas para explicar o mecanismo de ascensão da seiva

1. TEORIA VITAL
2. TEORIA DO PERSSURE DE RAIZ
3. TEORIA DA FORÇA FÍSICA

1. TEORIA VITAL [a] Teoria da bomba de relés

Godlewski' propôs a ação de bombeamento dos vasos xilema responsáveis pela ascensão da seiva. Se as células vivas foram mortas por veneno, a ascensão da seiva é contínua.

EXPERIMETENTE

- 95 carvalho velho [122 ht].cortado na base e colocado em ácido pícrico, move-se de baixo para cima, depois colocado com fuscina.

- Ele também se move do fundo através das células já mortas, portanto, células vivas não são essenciais para o movimento da água.

[b]teoria da pulsação

É proposto por J. C. Bose. A água move-se para cima pela atividade de pulsação das células corticais mais internas. Isto também é objetivado pela experiência 'strasburger'.

2. TEORIA DO PERSSURE DE RAIZ

É proposto por "sacerdotal" e o nome cunhado por Stephen hales. A subida da seiva é devida a uma pressão hidrostática desenvolvida na raiz pela acumulação de água .

OBJETIVOS

- A raiz da planta tem apenas 2 atm de pressão o que ajuda a água a subir até uma altura máxima de apenas 2cm.

- A pressão da raiz não é observada em plantas de solo frio, seco ou menos arejado. Muitas árvores mais altas não têm pressão radicular; Gimnospérmicas
- Se remover a raiz, ainda assim o movimento da água não pára.

3. TEORIA DA FORÇA FÍSICA

1. Teoria da pressão atmosférica; [Boehm]

A ascensão da seiva ocorre devido à pressão atmosférica, o que é rejeitado por,

A pressão atmosférica não pode agir sobre a água presente no xilema da raiz. Não pode elevar a água para além dos 34 pés. Se o vácuo completo criar água sobe apenas 10 metros, mas isso não é possível para criar vácuo em plantas altas.

2. Teoria Imbibiental

Proposta por 'Unger & Sach' Imbibibição pressão é responsável pela ascensão da seiva. Mas a taxa de subida da seiva é muito lenta. Se os vasos e traqueias forem bloqueados com a cera, ela pára e as folhas ficam murchas.

OBJETIVO

- A ascensão da seiva ocorre através do lúmen de elementos xilema e não através das paredes.

3. Teoria da força capilar

É proposto por 'Boehm'. A água sobe em tubos estreitos de xilema devido à tensão superficial e por acção capilar, um tubo semelhante que é água é colocada água.

OBJETIVO

- É necessária uma superfície livre.
- A força é muito lenta.
- Em Gymnosperms, os vasos estão ausentes, portanto, não se aplica.

Teoria da tracção por transpiração ou teoria da tensão de coesão

Isto é proposto por Dixon e Jolly em 1894. De acordo com esta teoria, a ascensão da seiva deve-se à transpiração e à propriedade de coesão e aderência da água.

1) COHESION

A atração entre moléculas de água é chamada de coesão moléculas de água com forte atração entre elas o átomo 'H' eletropositivo de uma água está conectado com o átomo O2 eletronegativo das moléculas de água.

2) ADESÃO

A atracção entre as moléculas de água e a parede dos recipientes, asseguram a continuidade da coluna de água em xilema. Os átomos 'H' eletropositivos de uma água estão ligados com átomos de O2 eletronegativo de outras moléculas de água.

FORÇA DE TRANSPIRAÇÃO

A força de tracção desenvolvida na água do xilema devido à transpiração é chamada de transpiração. Quando a transpiração ocorre em licença na parte superior da planta, a água evapora dos espaços intracelulares das folhas para a atmosfera externa através dos estômatos.

A perda de água na mesofila leva à concentração das células para que o OP e SP sejam aumentados. Devido a isso, uma tensão é criada na água no xilema das folhas. Esta tensão é transmitida para baixo para o xilema radicular através do caule. Agora a água é puxada para cima na forma de uma coluna de água contínua e ininterrupta para alcançar a superfície transpirante até o topo das plantas.

APOIOS

- É um processo físico.
- Não há necessidade de energia
- Experimentalmente comprovado

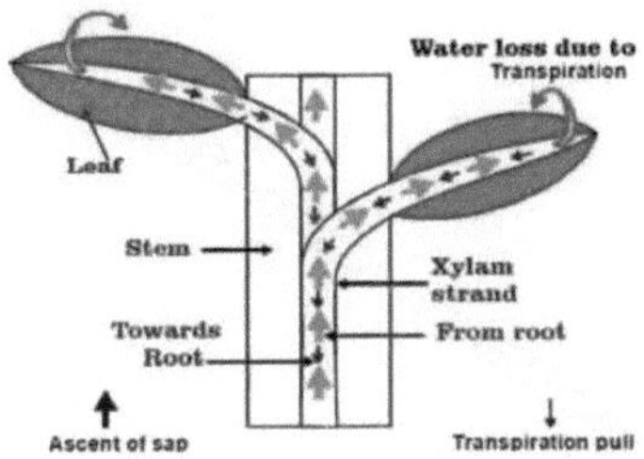

Fig: 24 Transpiration Pull

TRANSPIRAÇÃO

Definição

A perda de água sob a forma de vapor dos tecidos vivos da parte aerífera da planta é chamada de transpiração.

Tipos de transpiração

São 3 tipos de transpiração

1. Transpiração estomatológica: {transpiração foliar}

A perda de água sob a forma de vapor através do estômago das folhas é chamada de transpiração estomacal. É responsável por 80-90% da perda total de água das plantas. Os estômatos são altos no lado inferior das folhas, em plantas aquáticas no lado superior. Ex: plantas cultivadas {monocots}, milho, trigo, batata, mostarda, etc.

2. Transpiração cuticular: (15%)

Ocorre a partir da cutícula das folhas e dos caules jovens. É impermeável à água, ainda mais água pode ser perdida. Está presente nas flores, caules e frutos.

3. Transpiração lenticular (1%)

Ocorre através das lenticelas de frutas e caules lenhosos. As lenticelas são os pequenos poros presentes abaixo da casca de uma árvore velha.

Mecanismo de Transpiração

O mecanismo de transpiração é completado em 2 etapas:
1. A difusão da água das células mesofílicas em espaços intercelulares.
2. A difusão do vapor de água dos espaços intercelulares.
3. As raízes das plantas absorvem continuamente a água e o sal mineral do solo que sobem pelos vasos de xilema e chegam até às folhas
4. As células mesofílicas das folhas tornam-se túrgidas, devido à quantidade excessiva desta água absorvida. Nesta fase a pressão turgor da célula é aumentada e o DPD é diminuído, o que resulta na difusão de água das células mesofílicas para os espaços intercelulares.
5. Os espaços intercelulares tornam-se agora saturados com água e a sua pressão de vapor de água torna-se maior do que a pressão da água da atmosfera.
6. Nesta fase a pressão de turgor da célula é aumentada e a DPD é reduzida, o que resulta na difusão de água das células mesofílicas para os espaços intercelulares.
7. Os espaços intercelulares tornam-se agora saturados com água e a sua pressão de vapor de água torna-se maior do que a pressão da água da atmosfera.
8. Assim, a água dos espaços intercelulares difunde-se para a atmosfera sob a forma de vapor através de estomas, lenticelas e cutículas.
9. Cerca de 95% da água absorvida é transpirada através dos estomas. Os espaços intercelulares

das células mesofílicas permanecem ligados à câmara subestomatosa ou às câmaras respiratórias.

10. Assim, os vapores de água difundem-se continuamente dos espaços intercelulares para as câmaras sub estomatais e o ar destas cavidades permanece sempre saturado com vapores de água.

11. Quando o ar da atmosfera exterior é insaturado, a água difunde-se das câmaras sub - estomatizadas para a atmosfera e assim o processo de transpiração continua.

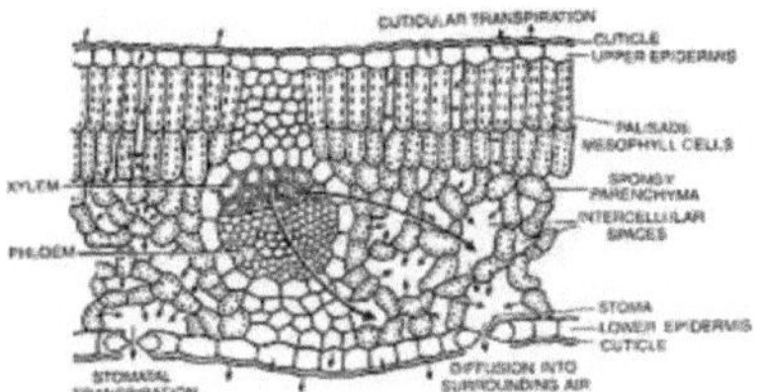

Fig: 25 Transpiração
ESTRUTURA DO ESTÔMAGO

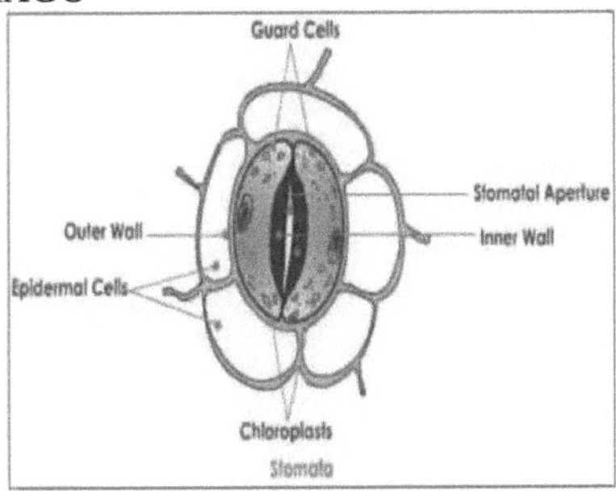

Fig: 26 Estômatos

- Os estômatos são minuciosamente abertos na epiderme das folhas e dos caules jovens.
- Tem um poro central elíptico conhecido como estoma.
- O estoma é circundado por duas células especializadas conhecidas como Células de Guarda.
- A célula de guarda contém núcleo, cloroplasma, citoplasma e grãos de amido.
- É incapaz de realizar a fotossíntese por uma forma modificada de epiderme chamada células subsidiárias ou células acessórias.
- Os estômatos ocupam 1-2% da área foliar.

Tipos de estômagos

Noções básicas de distribuição estomática, existem 5 tipos

1. **Tipo maçã e amora:** o número de estomas é abundante apenas no lado inferior da

folha. Ex: feijão, maçã, amora, etc.

2. **Tipos de batatas:** os estômatos estão mais na superfície inferior do que na superior. Ex: batata, tomate.

3. **Tipo de aveia:** os estomas estão igualmente distribuídos nos dois lados exemplo aveia, mal, milho, gramíneas.

4. **Tipo de lírio de água: os** estomas são encontrados apenas na superfície superior ex, lírio de água, plantas aquáticas.

5. **Tipo Potamogeton: o** estoma está completamente ausente. Ex: potamogeton.

Função do estômago

- Ele envia o excesso de água absorvida pelas plantas como transpiração.
- Durante a escassez de água pelo fechamento do estômago a transpiração é interrompida, de modo que ela conserva a água.
- Atua como passagem de troca gasosa na fotossíntese e na respiração.

Movimentos estomatais - 5 tipos

- Movimento foto-activo (luz solar)
- Skoto movimento ativo (planta suculenta)
- Movimento passivo e ativo (abertura -ativa ,fechamento-passiva)
- Movimentos hidroactivos (absorção de água)
- Movimento autónomo (para cada 10-15mts)

Mecanismo de abertura e fechamento do estômago

- A observação em estomas abertos e fechados ao microscópio indica que as células de guarda dos estomas abertos permanecem sempre em estado túrgido, enquanto as dos estomas fechados permanecem em estado flácido.
- Indica que a abertura e o fechamento dos estômatos depende do estado túrgido e flácido das células de guarda, respectivamente.
- O tamanho da abertura do estômago depende do grau de turgidez das células de guarda. a parede externa da célula de guarda é fina e elástica; enquanto que a parede interna é bastante espessa e não elástica.
- Quando as células de guarda absorvem água das células circundantes tornam-se túrgidas e a sua pressão turgor é também aumentada.
- A pressão turgor exerce uma pressão sobre a parede externa das células de guarda resultando em estiramento ou alargamento das paredes externas devido à sua natureza fina

e elástica. mas a parede interna sendo espessa e não elástica na dose natural não se espalhou muito.

- Quando a turgidez e a pressão turgor das células de guarda começam a diminuir, as paredes também começam a recuperar o seu estado original, os estômagos começam a fechar.

Quando as células de guarda se tornam flácidas, a sua pressão turgorífica torna-se nula, as paredes exteriores recuperam a sua posição original e os estômagos tornam-se fechados.

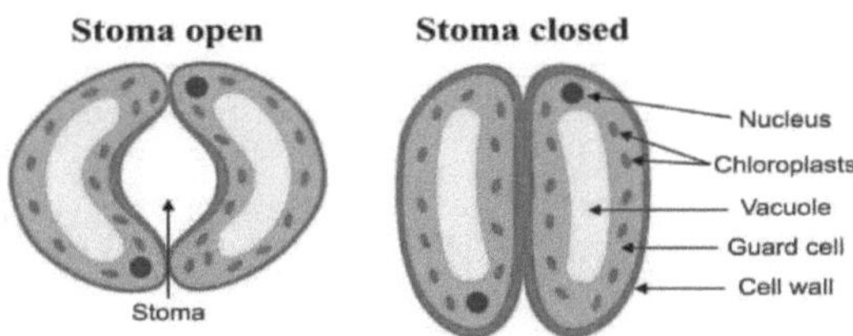

Fig: 27 Abertura e Fechamento Estomatais

TEORIAS SOBRE O MECANISMO DE POENING E FECHAMENTO DOS ESTÔMAGOS:

Diferentes teorias foram propostas por fisiologistas para explicar a razão da mudança de turgidez e pressão turgor das células de guarda.

1. TEORIA DA FOTOSSÍNTESE EM CÉLULAS DE GUARDA:

A teoria explica que os cloroplastos presentes nas células de guarda. A fotossíntese em luz resulta na formação de carboidratos e aumenta o OP das células de guarda, de modo que a água entra na célula de guarda por endosmose. Isto leva à abertura dos estômagos.

Durante a noite o OP & TP das células de guarda muito reduzido ou tornar-se zero, devido à falta de fotossíntese, os estomas tornam-se fechados.

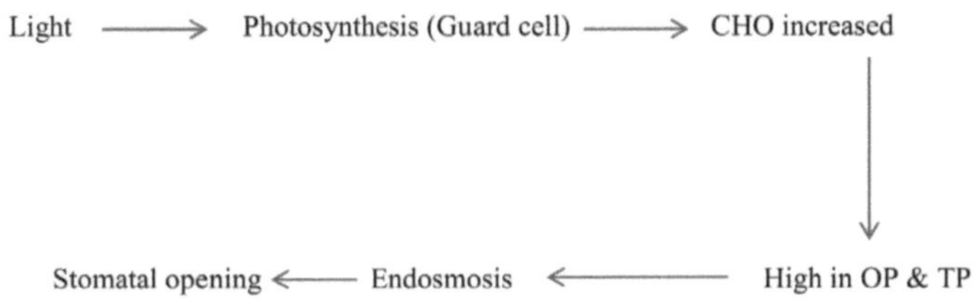

OBJETIVO

- A clorofila na célula de guarda é menos.

- As células de guarda já possuem muita quantidade de açúcar armazenada.

- Algumas plantas quando mantidas no escuro, as suas folhas ainda possuem amido.

- Algumas plantas que estão sem clorofila também possuem grãos de amido nas células de guarda dos estomas.

2. TEORIA DA INTERCONVERSÃO DO AÇÚCAR DE AMIDO

A quantidade de amido na célula de guarda aumenta durante a noite e diminui durante o dia. O amido insolúvel presente nas células de guarda é hidrolisado em glicose solúvel -1-po4 na presença de enzimas fosforilase.

Durante a noite, um glucose-1-fosfato solúvel de glicose é convertido em amido insolúvel. Assim, ambos são reação reversível.

Day (phosphorylase)

Starch $\rightleftharpoons$ Glucose -1-phosphate

Night

A abertura e o fechamento dos estomas depende da alteração do pH das células de guarda. A respiração e a fotossíntese são realizadas simultaneamente durante o dia, assim o O2 produzido na respiração é utilizado na fotossíntese pelas células mesofílicas, resultando no aumento do pH. (Alcalino). Sempre que o pH aumenta, as enzimas fosforilase hidrolisam o amido em açúcar solúvel.

Alkaline pH

Starch $\longrightarrow$ Glucose -1-phosphate

Devido ao aumento da concentração de açúcar, a pressão osmótica das células de guarda é aumentada, a água das células mesofílicas circundantes difundiu-se para as células de guarda resultando no aumento da pressão turgor e abertura dos estomas.

Quando o pH das células de guarda diminui, a glicose -1-fosfato (açúcar) solúvel é novamente convertida em amido, resultando na difusão de água a partir das células de guarda. Assim, as células de guarda tornam-se flácidas e os estômagos fecham-se.

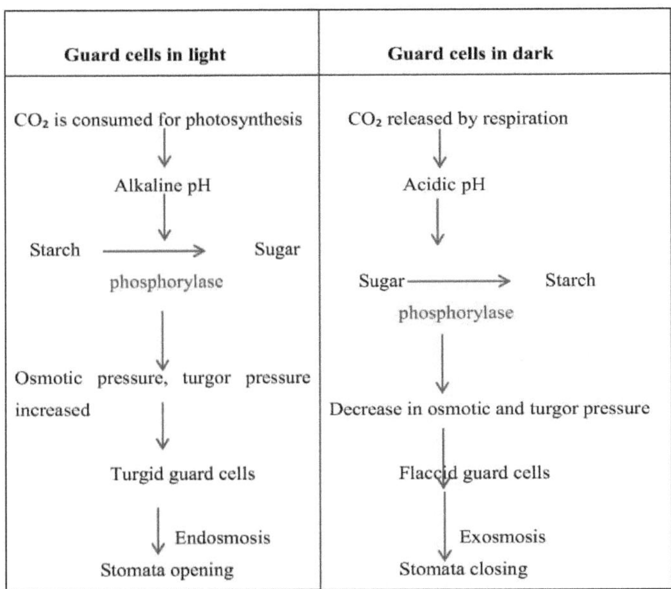

Guard cells in light	Guard cells in dark
CO_2 is consumed for photosynthesis ↓ Alkaline pH ↓ Starch ⟶ Sugar phosphorylase ↓ Osmotic pressure, turgor pressure increased ↓ Turgid guard cells ↓ Endosmosis Stomata opening	CO_2 released by respiration ↓ Acidic pH ↓ Sugar ⟶ Starch phosphorylase ↓ Decrease in osmotic and turgor pressure ↓ Flaccid guard cells ↓ Exosmosis Stomata closing

HIPÓTESE DE MORDOMO

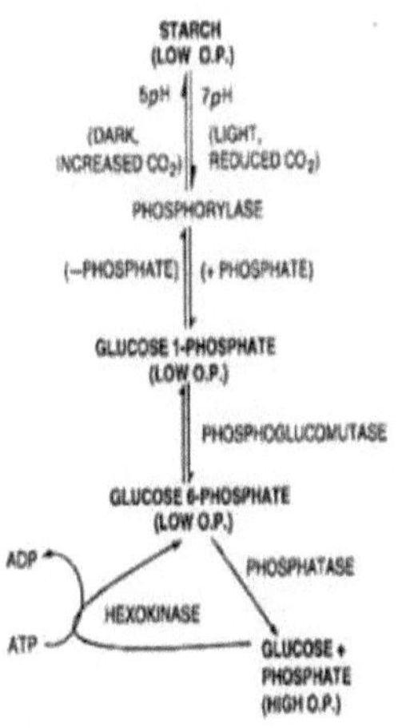

Fig.: 28 Hipótese de administrador

OBJETIVOS

- Algumas células de guarda carecem de amido, onde a teoria não é aplicável.

- Os estômatos tornam-se fechados, ao meio-dia, sem qualquer alteração na qualidade do amido.

- A taxa de interligação de amido e açúcar é insuficiente para abrir e fechar os estômagos.

- A concentração de CO_2 é insuficiente para a ativação das células de guarda e alteração do pH da seiva das células.

- Às vezes, o amido é convertido em ácido málico no lugar do açúcar.

3. TEORIA DO METABOLISMO DO GLICOLATO

É proposto por "Zelitch". O ácido glicólico desempenha um papel importante na abertura dos estômagos. O ácido glicólico é formado nas células de guarda quando a concentração de CO_2 é reduzida. A pressão osmótica das células de guarda aumentou com a formação do glicolato, que requer ATP para a sua síntese. O glicolato é oxidado em glioxilato que é finalmente convertido em açúcares solúveis. O açúcar solúvel aumenta a pressão osmótica das células de guarda.

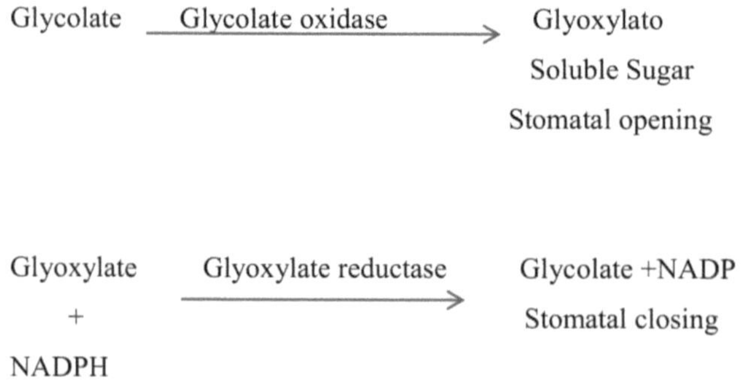

Fig: 29 Metabolismo do Glicolato

OBJETIVOS

- O efeito do ATP na abertura do estômago não está bem explicado.

- O alto teor de CO2 diminui a abertura do estômago, sobre a adição de ácido glicólico estomacal é aberto, mas o efeito inibidor do CO2 na abertura do estômago não é bem explicado.

4. TEORIA DO TRANSPORTE DE PRÓTONS

É proposto por "Levitt". A abertura e fechamento dos estômatos depende da entrada ou saída de potássio na célula de guarda. A absorção do 'K' é equilibrada por,

- Trocando com prótons de ácidos orgânicos.

- Absorção de íons cloreto (CT).

$$R\,COOH \rightleftharpoons RCOO^- + H^+$$

$$H^+ \rightleftharpoons k^+$$

O H+ sai das células de guarda e para substituir esses íons K+ entra nas células de guarda das células mesofílicas circundantes. Os iões K+ reagem com ácido málico ao malato de potássio, que é transportado para os vacúolos celulares.

Abertura de Stomata

Light

Starch

Production of malic acid

Dissociation of malate ions + H^+

Influx of K^+, efflux of H^+

Formation of potassium malate

Osmotic pressure increased

Entry of water into vacuole

Endosmosis

Turgor pressure increased

Opening of stomata

Encerramento Estomatológico

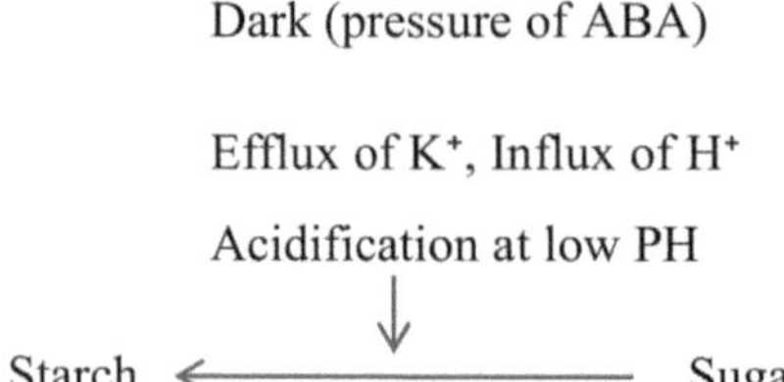

ABERTURA DO ESTÔMAGO EM PLANTAS SUCULENTAS

Durante a noite, há uma completa oxidação dos carboidratos e CO2 IS libertados e os estômagos são abertos.

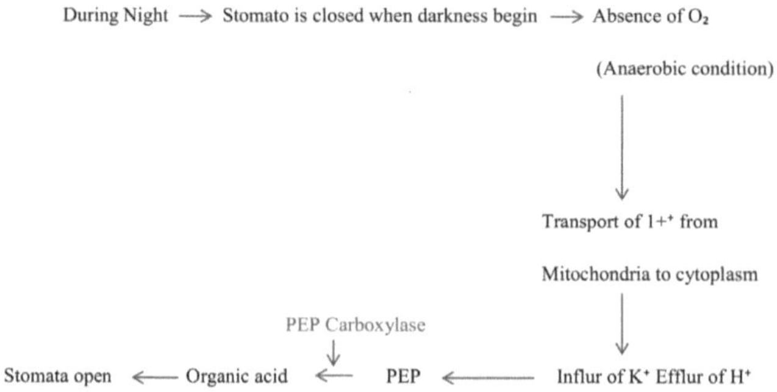

FACTORES QUE AFECTAM A TRANSPIRAÇÃO

1. **Umidade do ar**

Se a taxa de transpiração aumentar, a taxa de transpiração diminui.

2. **Temperatura**

O aumento da temperatura causa aumento da transpiração. A temperatura diminui a humidade relativa e abre amplamente o estômago. Para cada 20 aumentos de temperatura, a taxa de transpiração é duplicada.

3. **Luz**

A luz não tem efeito directo na transpiração. Tem efeito indirecto na transpiração ao aumentar a temperatura das folhas e afectar a abertura do estômago Aumento da taxa de aumento da intensidade luminosa da transpiração.

4. **Velocidade do Vento**

Se a velocidade do vento aumenta, a taxa de transpiração diminui. Quando o vento sopra suavemente a taxa de transpiração aumenta porque remove a humidade acumulada da atmosfera ao redor das folhas que transpiram, quando o vento sopra com altas velocidades, provoca o fechamento do estômago: assim a taxa de transpiração é reduzida.

5. **Pressão atmosférica**

O aumento da pressão atmosférica diminui a taxa de transpiração. As plantas que crescem em colinas apresentam uma alta taxa de transpiração devido à baixa pressão atmosférica. Mas este efeito é neutralizado pela baixa temperatura prevalecente nas colinas. Assim, a transpiração é normal nas plantas que crescem nas colinas.

6. **Abastecimento de água**

Se o abastecimento de água for aumentado, a taxa de transpiração também aumenta. Quando a taxa de transpiração excede a taxa de absorção de água, é criado um déficit de água nas plantas. As mesófitas fecharam bem o estômago para se protegerem dos danos causados pela escassez extrema de água. Os estômagos reabrem quando o potencial hídrico destas plantas é restaurado. Este tipo de movimento do estômago é chamado de controle hidro passivo.

7. **Pó e partículas de pó**

A deposição de pó e partículas de pó nas folhas diminui a taxa de transpiração.

8. **Atividades vitais**

O calor produzido pela respiração aumenta a taxa de transpiração.

II. FATORES INTERNOS

1. **Concentração de CO_2**

A redução da concentração de CO_2 favorece a abertura do estômago, enquanto o aumento da concentração de CO_2 promove o fechamento do estômago. Os estômagos não se abrem ao enxaguar a folha com ar livre de CO_2 e no escuro, durante a exposição à luz abre-se em breve.

Porque o CO_2 retido dentro da folha é consumido na fotossíntese. Durante a exposição à luz. Por isso, é infacto que o CO_2 que está presente no interior da folha tem influência controladora no movimento do estômago e não no da atmosfera exterior.

E também a cutícula presente na folha é impermeável ao CO_2 Garante a resposta dos estômatos ao CO_2 presente na folha em vez da resposta do CO_2 atmosférico.

2. **Ácido Abscísico (ABA)**

A acumulação se o ABA provoca o fechamento estomacal, nas plantas em stress hídrico. Quando o potencial hídrico é restaurado, o estômago reabre e o ABA desaparece gradualmente das células de guarda.

Este tipo de controle de estomas por água (mediado por ABA) tem sido chamado de controle hidroativo.

3. **Frequência Estomatológica**

É definido como o número de estomas por unidade de área da folha; esta frequência estomatológica é designada como índice estomatológico, que foi dado por 'Salisbery'.

$$I = S/E + S X 100,$$

I= Stomatal index S= no of stomata, E= no of stomata in epidermis.

When stomatal index is increased, the rate of transpiration is also increased.

4. **Particularidades estruturais das folhas**

Capítulo 2

FOTOSINTHESE

PHOTOSYNTHESIS (do grego [foto] "light", e [síntese], "putting together", "composição") é um processo que converte dióxido de carbono em compostos orgânicos, especialmente açúcares, utilizando a energia da luz solar. A fotossíntese transforma a energia do sol em energia química, divide a água para liberar O2 e fixa o CO_2 em açúcar. A fotossíntese é vital para toda a vida aeróbica na Terra. Além de manter o nível normal de oxigênio na atmosfera, quase toda a vida depende dele diretamente como fonte de energia, ou indiretamente como a fonte final da fotossíntese, já que os fotoheterotrofos utilizam compostos orgânicos, ao invés de dióxido de carbono, como fonte de carbono. Isto é chamado de fotossíntese oxigenada. Embora existam algumas diferenças entre a fotossíntese oxigenada em plantas, algas e cianobactérias, o processo geral é bastante semelhante nestes organismos. No entanto, existem alguns tipos de bactérias que realizam uma fotossíntese oxigenada, que consome dióxido de carbono mas não liberta oxigénio. O dióxido de carbono é convertido em açúcares num processo chamado de fixação de carbono. A fixação de carbono é uma reacção redox, pelo que a fotossíntese necessita de fornecer tanto uma fonte de energia para impulsionar este processo. E os elétrons necessários para converter dióxido de carbono em carboidrato, que é uma reação de redução. Em linhas gerais, a fotossíntese é o oposto da respiração celular, onde a glicose e outros compostos são oxidados para produzir dióxido de carbono, água e liberação de energia química. No entanto, os dois processos ocorrem através de uma sequência diferente de reacções químicas e em diferentes compartimentos celulares.

A equação geral para a fotossíntese é, portanto

$$2nCO_2 + 2n\,H_2O + photons \longrightarrow 2(CH_2O)\,n + n\,O_2 + 2n\,A$$

Carbon dioxide + electron donor + light energy $\rightarrow$ carbohydrate + oxygen + oxidized electron donor

Como a água é utilizada como doador de elétrons na fotossíntese oxigenada, a equação para este processo é

$$2n\,CO_2 + 2n\,H_2O + photons \longrightarrow 2(CH_2O)\,n + 2n\,O_2$$

Carbon dioxide + water + light energy $\longrightarrow$ carbohydrate + oxygen

Outros processos substituem outros compostos (como a arsenita) por água na função de fornecimento de elétrons; os micróbios usam a luz solar para oxidar a arsenita para arsenato:

A equação para esta reacção

$$(AsO3^{\,3-}) + CO_2 + photons \longrightarrow CO + (ASO_4^{\,3-})$$

Carbon dioxide + arsenite + light energy $\longrightarrow$ arsenate + carbon monoxide (used to build other compounds in subsequent reactions.

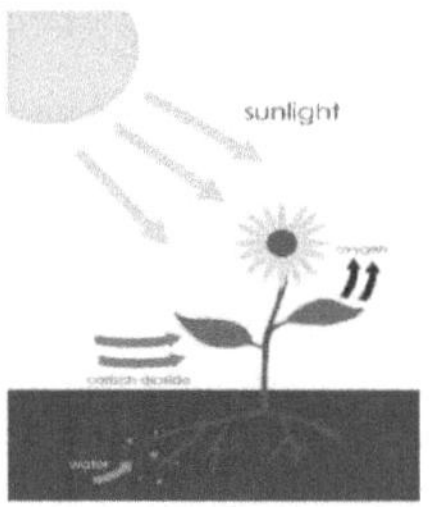

Durante a segunda fase, as reacções independentes da luz utilizam estes produtos para capturar e reduzir o dióxido de carbono. A maioria dos organismos que utilizam a fotossíntese para produzir oxigénio utiliza a luz visível para o fazer, embora pelo menos três utilizem radiação infravermelha.

Aparelhos fotossintéticos e Organelas

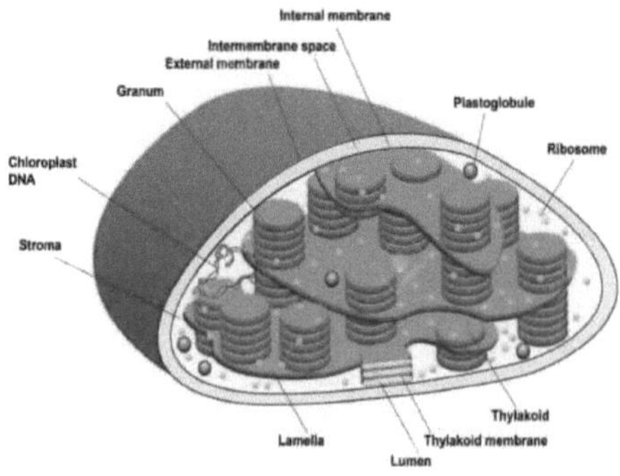

Fig: 31 Aparelhos fotossintéticos e Organelas

Ultra-estrutura cloroplástica

1. Membrana exterior
2. Espaço intermembrana
3. Membrana interior(1+2+3: envelope)
4. Stroma (fluido aquoso)
5. Lúmen de tilacóide (dentro de tilacóide)
6. membrana tifóide
7. granum (pilha de tucóides)
8. thylakoid (lamela)
9. amido
10. ribossomo
11. ADN plastidial
12. plastoglobula (gota de lípidos)

Estrutura de um cloroplasto

Nas plantas e algas, a fotossíntese ocorre em orgauelle chamada cloroplastos Uma célula típica de planta contém cerca de 10 a 100 cloroplastos. Os cloroplastos têm a forma oval do tamanho de 2 a 10 micro metros de diâmetro e 1 micro metro de espessura e são limitados pelas membranas celulares externa e interna. O espaço entre estes dois é chamado de espaço entre membranas e ajuda a dar uma forma definitiva a estas organelas.

Esta membrana é composta por uma membrana interna fosfolipídica, uma membrana interna fosfolipídica, uma membrana externa fosfolipídica e um espaço entre as membranas. As proteínas que reúnem a luz para a fotossíntese estão embutidas dentro das membranas celulares.

Dentro da membrana há um fluido aquoso chamado estroma. O estroma contém pilhas (grana) de tilacóides, que são o local da fotossíntese. Os tialoides são discos achatados, delimitados por uma membrana com um lúmen ou espaço tialoide dentro dela. O local da fotossíntese são as membranas tilacóides que contêm complexos proteicos integrais e periféricos de membrana, incluindo os pigmentos que absorvem a energia luminosa, que formam os sistemas fotográficos.

As plantas absorvem a luz principalmente usando o pigmento clorofila, que é a razão pela qual a maioria das plantas tem uma cor verde. Além da clorofila, as plantas também utilizam pigmentos como carotenos e xantofilas.

As algas também usam clorofila, mas vários outros pigmentos estão presentes como ficocianina, carotenos e xantofilas em algas verdes, ficoeritrina em algas vermelhas (rodófitas) e fucoxantina em algas marrons e diatomáceas, resultando em uma grande variedade de cores.

Estes pigmentos são incorporados em plantas e algas em antenas-proteínas especiais. Nessas proteínas todos os pigmentos são encomendados para funcionarem bem em conjunto. Tal proteína também é chamada de complexo farol-colheitora.

Um complexo de colheita de luz é um complexo de proteínas da subunidade que pode fazer parte de um super complexo maior de bactérias fotossintéticas para recolher mais luz do que seria capturado apenas pelo centro de reação fotossintética. As clorofilas e carotenóides são importantes nos complexos colhedores de luz presentes nas plantas.

LHC juntamente com o aceitador de electrões

Quantosomas

Os quantosomas são um grupo de pigmentos na membrana do tilacóide e provocam um ato fotoquímico através da absorção de quanta de luz.

Centro de Reacção

Apenas uma molécula de clorofila actua como centro de reacção captou electrões do complexo de colheita de luz. A conversão de energia ocorre em seu centro.

Uma porção de granum mostra os quantosomes

A clorofila e os pigmentos acessórios que absorvem a luz, resultando na transferência de electrões para formar factores co complexos como o NADP (nicotina amida dinucleótido fosfato) e o ATP (adenosina trifosfato), que são moléculas fornecedoras de energia. Isto é seguido pela reação escura onde a fixação de carbono e formação de carboidratos ocorre usando ATP e NADP. Esta reacção tem lugar no estroma e é nomeada como o ciclo calvino após o descobridor.

Embora todas as células nas partes verdes de uma planta tenham cloroplastos, a maior parte da energia capturada nas folhas. As células dos tecidos interiores de uma folha, chamadas mesofila, podem conter entre 450000 e 800000 cloroplastos para cada milímetro quadrado de folha. A superfície da folha por evaporação excessiva de água e diminui a absorção de luz ultravioleta ou azul para reduzir o aquecimento. A camada transparente da epiderme permite a passagem da luz para as células mesofílicas da paliçada onde se realiza a maior parte da fotossíntese.

Pigmentos fotossintéticos

Os pigmentos presentes no cloroplasto realizam a fotossíntese e por isso são chamados pigmentos fotossintéticos. Todos estes pigmentos absorvem a luz visível devido à presença de ligações duplas conjugadas na sua estrutura. Disposição molecular de diferentes pigmentos.

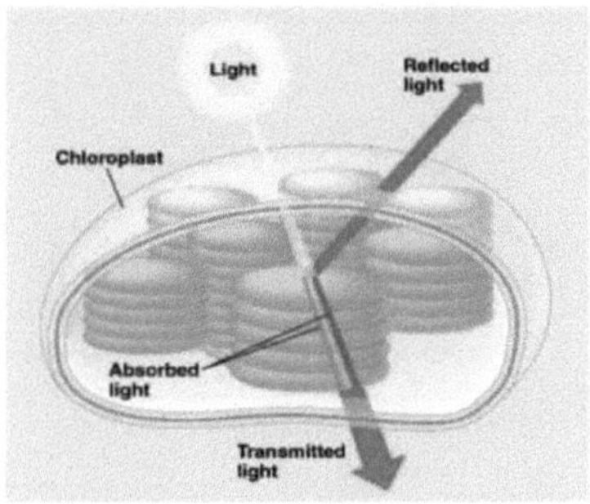

O cloroplasto contém três tipos de pigmentos

1. clorofila
2. carotenoide
3. phycobilins

1. Chlorophyll

A clorofila é um pigmento verde, que como estrutura complexa consiste em quatro anéis de pirólise dispostos em torno de um átomo central MG e uma longa cadeia de hidrocarbonetos chamada ftol. Existem vários tipos de clorofila, nomeadamente A,B,C,D e E . clorofila A e Bwidely distribuídos nas plantas.

A clorofila B é quase idêntica à clorofila a, excepto como um grupo formílico no lugar de um grupo metilo. Esta pequena diferença faz com que a clorofila B absorva a luz com comprimentos de onda entre 400 e 500 nm de forma mais eficiente.

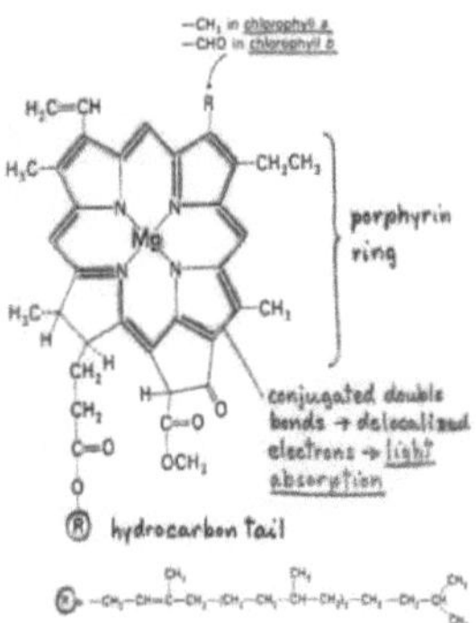

Fig: 33 Estrutura da Clorofila

2. Carotenóide (Pigmentos Amarelos ou Laranjas)

Os carotenóides são moléculas orgânicas lineares longas que têm ligações alternadas simples e duplas ao longo do seu comprimento. Tais moléculas são chamadas poligenóides. Dois exemplos de carotenóides são o licopeno e o beta-caroteno. Estas moléculas também absorvem a luz da forma mais eficiente na faixa de 400 a 500 nm. Devido à sua região de absorção. Os carotenóides aparecem em vermelho e amarelo e fornecem a maioria das cores vermelha e amarela apresentando frutos e flores. As moléculas de carotenóides também têm uma função de salvaguarda. As moléculas de carotenóides suprimem as reações fotoquímicas prejudiciais, em particular aquelas que incluem oxigênio, que a exposição à luz solar pode causar. As plantas que não possuem moléculas de carotenóides morrem rapidamente após a exposição ao oxigênio e à luz. Existem dois tipos, as xantofilas e o caroteno.

3. Phycobilins

Pigmentos vermelhos e azuis presentes na membrana tiacóide. São pigmentos de acesso presentes nas algas vermelhas e nas algas verdes azuis. São dois tipos, a ficocianina e a ficoeritrina. Contém 4 anéis de pirrol como a clorofila, mas falta de Mg e cadeia de fitotrina.

ABSORÇÃO E ULTILIZAÇÃO DA ENERGIA LUMINOSA

Os pigmentos fotossintéticos absorvem a energia da luz apenas na parte visível do espectro que vai de 400-700 nm. Tais radiações são chamadas radiação fotossintética ativa. Quando um fóton de luz atinge o pigmento fotossintético, um elétron no átomo contido dentro de uma molécula fica excitado. O elétron excitado é instável para que chegue ao estado de terra enquanto chega ao estado de terra, a energia é liberada como calor ou pode ser transportada para outras moléculas portadoras.

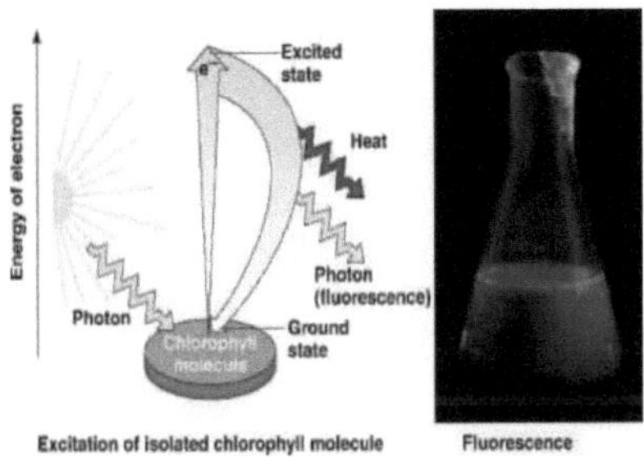

Fig: 35 Energia da Luz

Fluorescência; a fluorescência é uma forma de emissão de luz onde a energia do fotão emitido é menor do que a do fotão absorvido. Fosforescência; fosforescência é a emissão de luz por um objecto excitado e a radiação emitida continua durante algum tempo, mesmo depois de a fonte de luz ter parado.

Quantum Requerimento

O número de O_2 moléculas produzidas necessárias para a produção de uma molécula de O_2 na fotossíntese é chamado requisito quântico.

Rendimento quântico

O número de O_2 moléculas produzidas por quantum de luz absorvida na fotossíntese é chamado de rendimento quântico.

Queda de vermelho e efeito de reforço de Emersão

A queda no rendimento fotossintético além da região vermelha do espectro é chamada de Emersões de primeiro efeito ou queda de vermelho. Há uma diminuição acentuada no rendimento quântico no comprimento de onda superior a 680 nm, na parte vermelha do espectro.

O aumento do rendimento na fotossíntese devido à combinação de luz vermelha com luz muito vermelha é conhecido como segundo efeito de Emersão ou efeito de aumento.

FOTOSISTEMA -1

Absorve comprimentos de onda mais longos a cerca de 700 nm. Está envolvido na fotofoliação cíclica. É ativo na luz vermelha e na luz vermelha distante. Carotenóide e clorofila a serve como centro de reação.

SISTEMA FOTOGRÁFICO - II

Absorve comprimento de onda curto a cerca de 680 nm. Está inactivo na luz vermelha. Está envolvido em fotofosforilação não cíclica.

REAÇÃO LUZ

O aumento de reações leves é a primeira etapa da fotossíntese. Neste processo, a energia da luz é convertida em energia química.

Nas reações leves, uma molécula do pigmento clorofila absorve um fóton e perde um elétron. Este electrão é passado para uma forma modificada de clorofila chamada feofitina, que passa o electrão para uma molécula de quinona, permitindo o início do fluxo de electrões numa cadeia de transporte de electrões que leva à redução final de NADH para NADPH. Existem quatro grandes complexos na membrana tiacóide: Photosystem 1, Photosystem II, complexo de citocromo b6f, síntese de ATP. Estes funcionam em conjunto para, em última análise, criar um produto ATP e NADPH.

Além disso, isso cria um gradiente de prótons através da membrana cloroplástica: sua dissipação é utilizada pela síntese de ATP para a síntese concomitante de ATP. A molécula de clorofila recupera o elétron perdido da molécula da água através de um processo chamado fotólise, que libera a molécula de oxigênio (O2).

A equação geral para as reacções dependentes da luz nas condições do fluxo não cíclico de electrões em plantas verdes é:

$$2\ H_2O + 2\ NADP+ + 3ADP + 3\ Pi + luz > 2\ NADPH + 2\ H+ + 3\ ATP + O_2$$

Nem todos os comprimentos de onda de luz podem suportar a fotossíntese. O espectro de acção fotossintética depende do tipo de pigmentos acessórios presentes. Por exemplo, nos pigmentos verdes, o espectro de acção assemelha-se ao espectro de absorção das clorofilas e carotenóides com picos de luz azul violeta e vermelha. Nas algas vermelhas, o espectro de acção sobrepõe-se ao espectro de absorção das phycobilins para a luz verde azul, o que permite que as algas cresçam em águas mais profundas que filtram o maior comprimento de onda utilizado pelas plantas verdes. A parte não absorvida do espectro de luz é o que dá aos organismos fotossintéticos a sua cor (por exemplo: plantas verdes, plantas vermelhas, bactérias roxas) e é a menos eficaz para a fotossíntese nos respectivos organismos.

FOTOPHOSPHORYLATION

Quando a clorofila é excitada pela luz, os elétrons ricos em energia são transferidos através de uma série de portadores de elétrons e a energia perdida pode ser finalmente pelo ADP e Pi para sintetizar o ATP. Este processo é conhecido como PHOTOPHOSPHORYLATION.

esquema Z

Nas plantas a reação dependente da luz ocorre nas membranas tifóide dos cloroplastos e utiliza a energia da luz para sintetizar o ATP e o NADPH. A reacção dependente da luz tem duas formas: cíclica e não cíclica.

FOTOFOSFORILAÇÃO NÃO CÍCLICA

Em reacção não cíclica, os fotões são capturados nos complexos de antenas de captação de luz do fotossistema II pela clorofila e outros pigmentos acessórios. Quando uma molécula de clorofila no núcleo do centro de reação do fotossistema II obtém energia de excitação suficiente dos pigmentos da antena adjacente, um elétron é transferido para a molécula receptora primária de elétrons, a feofitina, através de um processo chamado de separação de carga foto induzida.

Estes elétrons são transportados através de uma cadeia de transporte de elétrons, o chamado **Z- SCHEME** mostrado no diagrama que inicialmente funciona para gerar um potencial quimiossimótico através da membrana.

Uma enzima ATP synthase utiliza o potencial quimiossimótico para fazer ATP durante a fotofosforilação, enquanto NADPH é produto da reação redox terminal no esquema Z.

O electrão entra numa molécula de clorofila no sistema fotográfico 1. O elétron é excitado devido à luz absorvida pelo sistema fotográfico. Um segundo portador de elétrons aceita um elétron. Que novamente é transmitido para baixo, baixando as energias dos aceitadores de elétrons. A energia criada pelo aceitador de electrões é utilizada para mover iões de hidrogénio através da membrana tifóide para o lúmen. O electrão é utilizado para reduzir a co-enzima NADP, que tem funções na reacção independente da luz. Apenas uma molécula de ATP é sintetizada.

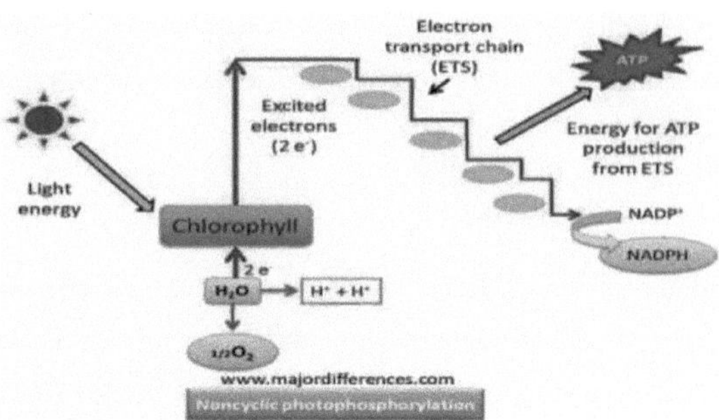

Fig: 36 Fotofosforilação não cíclica

FOTOFOSFORILAÇÃO CÍCLICA

A reacção cíclica é semelhante à do não cíclico, mas difere na forma em que gera apenas ATP, não sendo criado NADPH (NADPH) reduzido. A reacção cíclica ocorre apenas no sistema fotográfico 1. Uma vez que o elétron é deslocado do fotossistema, o elétron é passado para baixo as moléculas aceitadoras do elétron e retorna ao fotossistema 1, de onde foi emitido, daí o nome reação cíclica, Na reação cíclica são produzidas 2 moléculas de ATP.

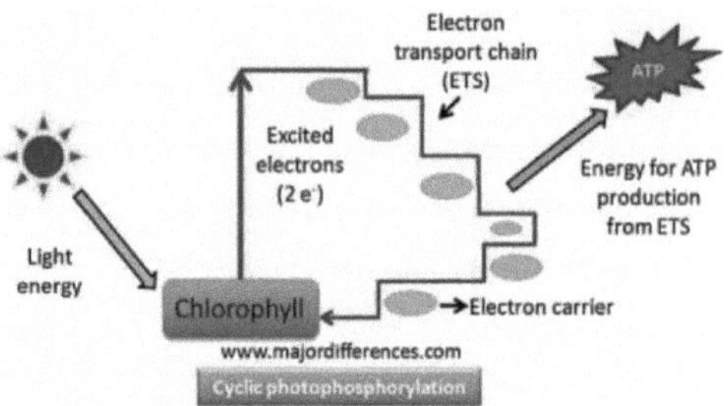

Fig: 37 Fotofosforilação cíclica

O Photosystem II é a única enzima biológica conhecida que efectua esta oxidação da água. Os iões de hidrogénio contribuem para o potencial quimiossimótico transmembrana que leva à síntese de ATP. O oxigénio é um produto residual de reacções dependentes da luz. Mas a maioria dos organismos na Terra utiliza oxigênio para a respiração celular, incluindo os organismos fotossintéticos.

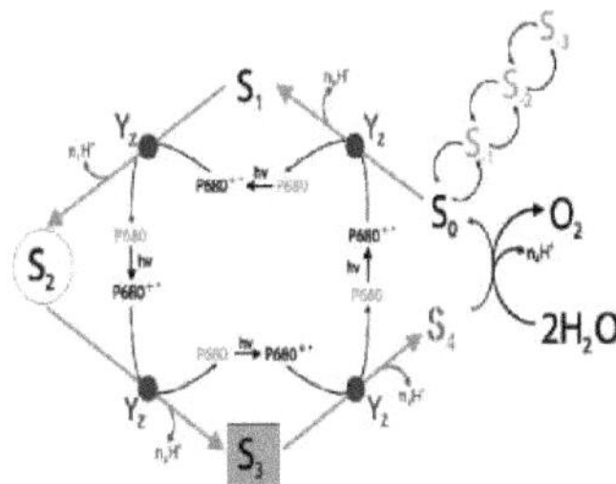

Fig.: 38 Cofactor de Reacção de Fraccionamento de Água

DIFERENÇA ENTRE A FOTOFOSFORILAÇÃO

NON-CYCLIC PHOSPHORYLATION	CYCLIC PHOSPHORYLATION
PS-1 and PS-II are involved	PS-1 is involved
Water acts as a source of electron	The electron emitted from the reaction centre cycle back to its original place
NADP is reduced	NADP is not involved
O_2 evolution takes place	O_2 is not evolved
Photophosphorylation takes place at only one place.	Photophosphorylation takes place at 2 places.

Reacção independente da luz

O ciclo de Calvin

Outros nomes: via fotossintética de redução de carbono, via redutora de fosfato de pentose, ciclo de Calvin, fixação de carbono e ciclo C3 de reação independente de luz ou reação escura.

Na reação Luz- independente ou escura a enzima RuBisCO captura CO_2 da atmosfera e em um processo que requer o NADPH recém formado, chamado ciclo Calvin - Benson, libera três - açúcares de carbono, que são posteriormente combinados para formar sacarose e amido. A equação geral para a luz - reação independente em plantas verdes é:

3CO2 + 9ATP + 6NADPH + 6H+ -----> C3H6O3-fosfato + 9ADP + 8Pi + 6NADP+ + 3H2O.

Visão geral do ciclo de Calvin e fixação do carbono

Para ser mais específico, a fixação de carbono produz um produto intermediário, que é então convertido para os produtos finais de carboidratos. Os esqueletos de carbono produzidos pela fotossíntese são então utilizados para formar outro composto orgânico. a fixação é a redução do dióxido de carbono é um processo no qual o dióxido de carbono se combina com um açúcar de cinco carbonos, ribulose 1,5- bifosfato (RuBP), para produzir duas moléculas de um composto de três carbonos, glicerato 3 fosfato GP, também conhecido como 3-fosfoglicerato (PGA).

GP, na presença de ATP e NADPH dos estágios dependentes da luz, é reduzido ao fosfato de gliceraldeído 3(G3P).este produto também é referido como fosfato de fosfoglicoleraldeído 3(PGAL)são mesmo como fosfato de trio. Triose é um açúcar com três átomos de carbono.

Por isso, este ciclo será conhecido como ciclo C3.

A maioria (5 em 6 moléculas) do G3P produzido é usada para regenerar o RuBP para que este processo possa continuar. A 1 em cada 6 moléculas do trio fosfato não reciclado. Muitas vezes condensam para formar fosfato hexose que produz sacarose, amido e celulose de forma ilimitada. O açúcar produzido durante o metabolismo do carbono produz esqueletos de carbono que podem ser usados para outras reações metabólicas como a produção de aminoácidos e lipídios.

Passos do Ciclo Calvin

1. Carboxilação

2. Redução

3. Regeneração

Visão geral do ciclo de Calvin e fixação do carbono

Para ser mais específico, a fixação de carbono produz um produto intermediário, que é então convertido para os produtos finais de carboidratos. Os esqueletos de carbono produzidos pela fotossíntese são então utilizados para formar outro composto orgânico. a fixação é a redução do dióxido de carbono é um processo no qual o dióxido de carbono se combina com um açúcar de

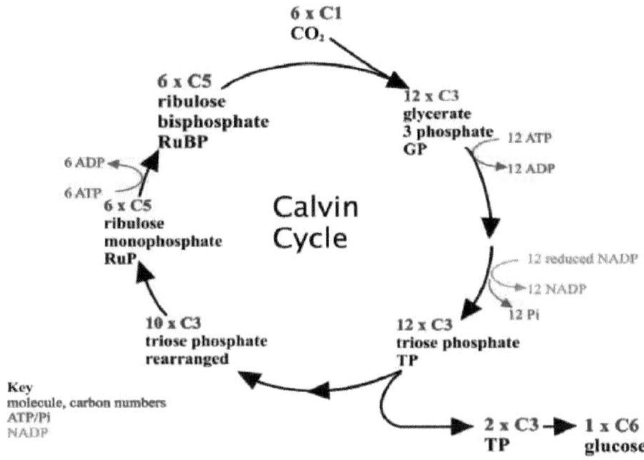

Fig: 39 Ciclo de Calvin

IMPORTÂNCIA DO RUBISCO

Rubisco são ribuloses bisfosfato carboxilase / oxigenase é uma enzima de ocorrência universal de todas as plantas fotossintéticas. É encontrado no estroma cloroplástico é como o peso molecular de 53.000 Da. Rubisco é encontrado em 2 formas funcionalmente análogas que diferem em distúrbios de estrutura e sua sensibilidade ao oxigênio.

Tem 2 funções

1. **Carboxilação da ribulose1,5-bisfosfato na reação escura da fotossíntese,**

2. Oxigenação do ribulosel, 5-bisfosfato em fotorrespiração.

Visão geral da fixação de carbono C4

Em condições quentes e secas, as plantas fecham o estômago para evitar a perda de água. Sob estas condições, o CO_2 irá diminuir, e o gás oxigénio, produzido pela luz Reacções de fotossíntese, irão diminuir no caule, não nas folhas, causando um aumento da fotorrespiração pela actividade oxigenase da ribbulose - 1,5- carboxilase de bisfosfato/oxigenase e diminuição da fixação do carbono. Algumas plantas desenvolveram mecanismo para aumentar a concentração de CO_2 nas folhas sob estas condições.

Fixação de Carbono C4

Outros nomes: *CAMINHO DA ESCOTILHA - SALCK. CAMINHO DO ÁCIDO C4 - DICARBOXÍLICO:*

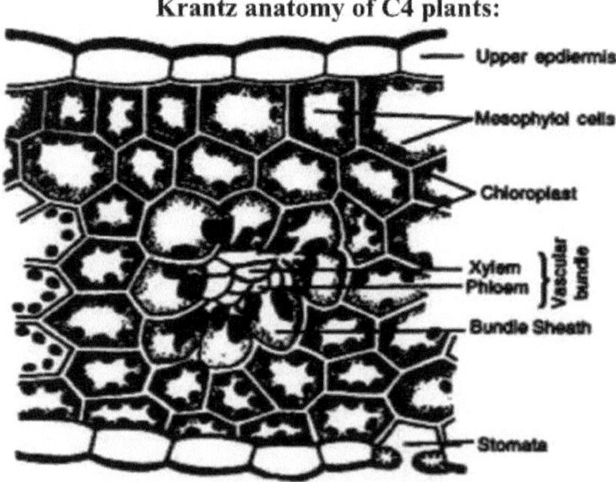

Fig: 40 C4 planta - folha com cloroplastos dimórficos

Visão geral do caminho C4

As plantas C4 fixam quimicamente o dióxido de carbono nas células da mesofila, adicionando-o a três moléculas de carbono fospshoenolpiruvato (PEP), uma reação catalisada por uma enzima chamada PEP carboxilaes e que cria os quatro - ácido orgânico de carbono, ácido oxaloacético.

O ácido oxaloacético ou malato sintetizado por este processo é então translocado para a célula de bainha especializada onde se encontram a enzima, o rubisco e outras enzimas do ciclo calvino, e onde o CO_2 liberado pela descarboxilação dos quatro - ácidos carbônicos é então fixado pela atividade do rubisco aos três ácidos 3 - açúcar carbônico fosfoglicéricos.A separação física do rubisco do oxigênio - gerando reações de luz reduz a fotorrespiração e aumenta a fixação do CO_2 e, portanto, a capacidade fotossintética da folha.plantas C4 podem produzir mais açúcar do que plantas C3, incluindo milho, sorgo, cana-de-açúcar e milheto.plantas que não usam PEP-carboxlase na fixação são chamadas plantas C3 porque a reação de carboxilação primária, catalisada pelo rubisco, produz os três ácidos fosfoglicéricos de açúcar de carbono 3-ácidos diretamente no ciclo Calvin - Benson. Mais de 90% das plantas utilizam a fixação de carbono C3, contra os 3% que utilizam a fixação de carbono C4.

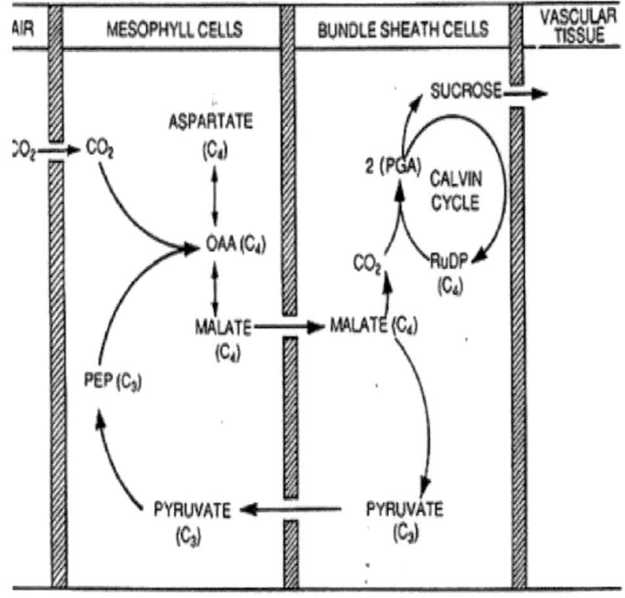

Fig: 41 C₃ & C₄

VARIAÇÃO DO PERCURSO DO C4

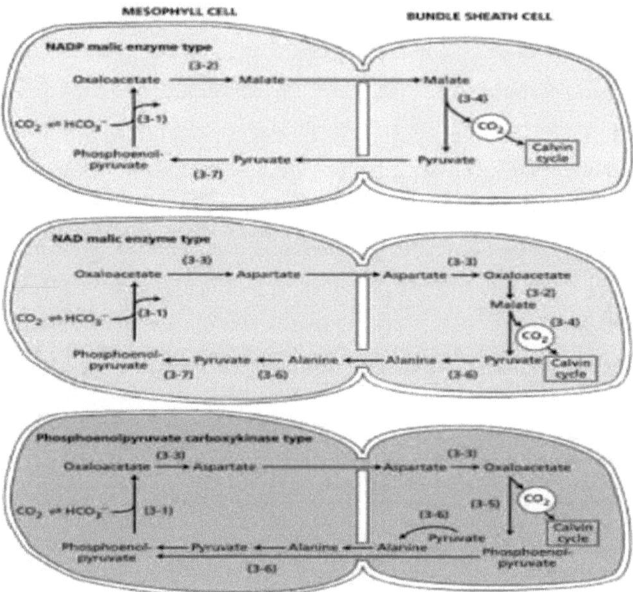

Fig: 42 C4 Caminho

FOTORRESPIRAÇÃO: CAMINHO C2

Fotorrespiração ou "foto-respiração" é um processo no metabolismo vegetal pelo qual RuBP (um açúcar) tem oxigênio adicionado pela enzima (rubisco), ao invés de dióxido de carbono durante a fotossíntese normal. Este processo reduz a eficiência da fotossíntese em plantas C3.

O caminho da fotorrespiração é um caminho enzimático que não está acoplado a nenhum sistema de transferência de electrões. Não gera ATP, utiliza oxigénio e produz dióxido de carbono, e utiliza um fosfato de açúcar como combustível primário.

Caminho C2

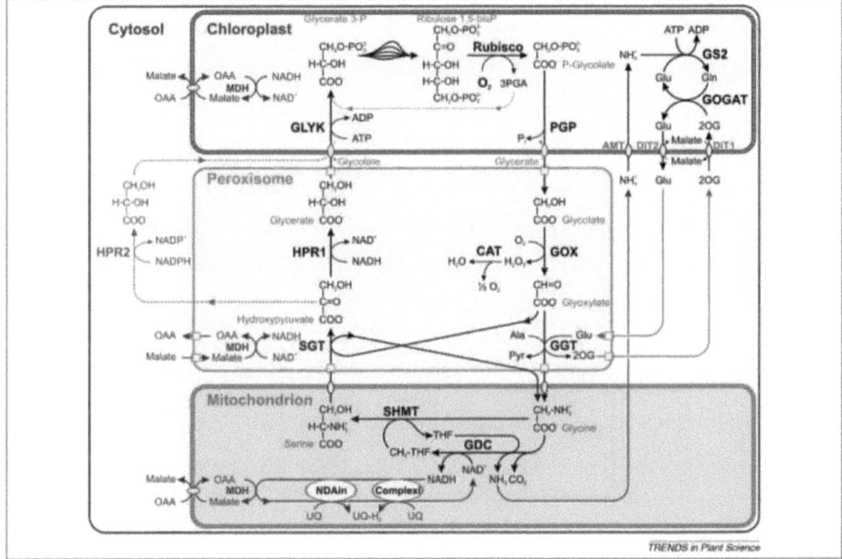

Fig: 43 Respiração de fotos

No cloroplasto, rubisco, combina com ribulose-1, 5-bisfosfato ((RuBP) e oxigênio. O RuBP de cinco carbonos é dividido em dois carbono-2-fosfoglicolato e três carbono-3-fosfoglicolato (PGA). As enzimas desta via estão numeradas no diagrama acima.

O 2-fosfoglicolato é convertido em glicolato por **fosfoglicolato fosfatase** no cloroplasto. O fosfato libertado é devolvido à piscina de fosfatos local. O glicolato é transportado do cloroplasto para um peroxisoma próximo.

No peroxisoma, o glicolato é oxidado pelo oxigénio gasoso para o glicolato e o peróxido de hidrogénio pela **oxidase do glicolato**. O peróxido é convertido em água e oxigénio gasoso por **catalase.** Assim, o consumo de oxigénio na oxidação é substituído pela actividade catalítica no peroxisoma.

O glioxilato é convertido para o aminoácido glicina no peroxisoma. O grupo amino é transferido o glioxilato do glutamato (outro aminoácido) pelo **glioxilato: glutamato aminotransferase.** O glutamato é convertido em alfa-ketoglutarato (lembraremos e voltaremos a isso mais tarde), a glicina é transportada para a mitocôndria.

Na mitocôndria, a **decarboxilase de** glicina esculpe o gás de dióxido de carbono da glicina. Isto requer NAD+ para estacionar o átomo de hidrogênio. Também separa o grupo de aminoácidos. Se você estiver atento à estrutura química, você percebe que o aminoácido de dois-carbonos tem seus grupos amino e ácido removidos! Só resta um carbono! Este grupo de metileno está estacionado numa molécula de folato na mitocôndria. Quando uma segunda glicina chega à mitocôndria a partir do peroxissoma, combina-se com o metileno-folato para libertar os três aminoácidos de carbono serina através da acção da **hidroximetiltransferase serina.** Também liberado para reutilização por esta reação enzimática é o folato. No peroxisoma, a serina perde seu grupo aminoácido para o alfa-ketoglutarato (lembre-se, voltaríamos a isso!) para regenerar o glutamato requitado em uma etapa anterior do caminho. Esta amino-transferência é realizada pela **serino-aminotransferase.** Nesta reação a serina é convertida em hidroxipiruvato. O peroxissoma reduz o hidroxipiruvato a glicerato pela **hidroxipiruvato redutase.** O poder redutor para isso vem do NADP; se você se lembra, isso foi produzido em uma etapa anterior na mitocôndria. O glicerato é transportado para o cloroplasto. No cloroplasto, o glicerato é convertido em **glicerato quinase** b para 3-hoshoglicerato. O fosfato vem de ATP. O 3-fosfoglicerato desde o início e este novo do final da fotorrespiração entram no pool de cloroplasto de PGA que é usado para regenerar o RuBP.

DEFERENTE ENTRE AS PLANTAS C3 E C4

S.NO	C_3 PLANTS	C_4 PLANTS
1	Calvin cycle	Hatch-slack cycle
2	$1CO_2$ acceptor –Ribulose 1,5 bisphosphate	2-CO_2 acceptors-Phosphoenol pyruvate,-

		Ribulose 1,5 bisphosphate
3	Carboxylation catalyzed by RUBISCO	Corboxylation catalyzed by PEPCO & RUBISCO
4	First product is 3 carbon compound phosphoglyceric acid	First stable product is 4-carbon compound oxaloacetate
5	Krantz anatomy is absent	Krantz anatomy is present

REGULAMENTO OU FOTOSSÍNTESE

CARACTERES EXTERIORES

1. **LUZ**

A principal fonte de luz é a luz solar; nestes casos, a luz da lua e a luz eléctrica também. O efeito da luz sobre a fotossíntese pode ser estudado em 3 aspectos.

1.1 Intensidade da luz

1.2 Qualidade da luz

1.3 Duração da luz.

1.1 Intensidade da luz

A taxa de fotossíntese é diretamente proporcional à intensidade da luz. Mas a intensidade da luz extremamente elevada não aumenta a taxa de fotossíntese. A alta intensidade da luz, que não acelera a fotossíntese, é chamada de intensidade de saturação de luz.

Com base nas necessidades de luz, as plantas são agrupadas em 2 tipos, 1.Sun plants ou Heliophytes. 2. Plantas de sombra ou Sciophytes.

A uma intensidade luminosa específica, a quantidade de CO_2 utilizada na fotossíntese e a quantidade de CO_2 liberada na respiração são volumetricamente iguais. Esta intensidade luminosa específica é conhecida como ponto de compensação.

Com uma intensidade de luz muito elevada para além de um determinado ponto, as células fotossintéticas apresentam uma foto oxidação. Este fenômeno é chamado de Solarização. Como resultado, a inactivação das moléculas de clorofila leva à destruição do aparelho fotossintético. A luz também afecta a abertura e o fechamento do estômago.

1.2 Qualidade da luz

A fotossíntese ocorre apenas na parte visível do espectro, ou seja, 400-700 nm. A fotossíntese máxima ocorre na luz vermelha, sendo a próxima maior taxa na luz azul. A fotossíntese não pode ser realizada

1.3 Duração da luz

A maior duração do período de luz favorece a fotossíntese. Se as plantas recebem 10-12 horas de luz por dia, favorece a boa fotossíntese.

2. CARBONO DI ÓXIDO

A uma temperatura e intensidade luminosa óptimas, se o fornecimento de CO_2 for aumentado, a taxa de fotossíntese aumenta. Ao mesmo tempo, uma concentração muito elevada de CO_2 torna-se tóxica para as plantas e inibe a fotossíntese.

3. TEMPERATURA

A temperatura necessária para a fotossíntese ótima varia de acordo com a espécie vegetal. Normalmente a taxa de fotossíntese aumenta a temperatura até 40°C. A alta temperatura resulta na desnaturação das enzimas e, portanto, a reação escura é afetada.

4. ÁGUA

A água tem um efeito indirecto na fotossíntese. A quantidade de água utilizada na fotossíntese é bastante pequena, sendo mesmo inferior a 1% da água absorvida. A taxa de fotossíntese diminui se a água não for fornecida de forma adequada.

5. OXIGÉNIO

O oxigênio é o subproduto da fotossíntese. Um aumento na concentração de O_2 resulta em uma diminuição da taxa de fotossíntese. O fenômeno de inibição da fotossíntese por O_2 é conhecido como efeito Warburg.

Nas plantas, que mostram efeito Warburg, o aumento da concentração resulta no desvio dos intermediários do ciclo de Calvin para a síntese do glicolato, mostrando maior taxa de fotorrespiração e menor taxa de produtividade da fotossíntese.

6. ELEMENTOS MINERAIS

Certos minerais importantes como Mg, Fe, Cu, Cl, Mn, P etc. estão intimamente associados a reações chave da fotossíntese. Assim, a deficiência de minerais acaba por reduzir a fotossíntese.

FATORES INTERNOS

1. TEOR EM CLOROFILA

A clorofila é uma unidade de fotossíntese, que está capturando diretamente a energia da luz. As folhas com síntese adequada de clorofila, é verde e altamente eficiente na fotossíntese. Quando as folhas se tornam cloróticas, a função fotossintética é ineficiente.

2. FATORES PROTOPLASMÁTICOS

Briggs explicou a presença de alguns fatores desconhecidos com no protoplasma da célula, que afetam a taxa de fotossíntese. Este fator desconhecido é enzimático por natureza e é chamado de fator tempo. Estes factores provocam as reacções escuras da fotossíntese.

3. LEAF

Tamanho das folhas, teor de clorofila, número de estomas, orientação das folhas e idade das folhas são alguns dos parâmetros. Os quais são responsáveis pela fotossíntese. A atividade máxima é observada quando as folhas atingem o tamanho total.

4. ACUMULAÇÃO DE HIDRATOS DE CARBONO

Acumulação de Carboidratos na célula inibe a taxa fotossintética. Se estes materiais alimentares não forem translocados, o processo de respiração aumenta. E também afeta a superfície efetiva no cloroplasto e a taxa de fotossíntese é diminuída.

5. HORMONES

Treharne primeiro explicou que a fotossíntese é regulada por hormônios vegetais. Ele descobriu que o ácido giberélico e as citocininas aumentam a taxa de fotossíntese e a atividade carboxilante.

Capítulo 3

CICLO N2

O nitrogénio é um dos elementos universais importantes. É um dos constituintes das proteínas, ácidos nucleicos, hormonas de crescimento, vitaminas, etc.

FONTES

A atmosfera é constituída por 79% de nitrogênio gasoso. (N2) o grande reservatório. Outras fontes são,

- Matéria orgânica viva e morta - reservatório estável de N2.
- Climas temperados.
- Humus.

CICLO NITROGENO

Definição

O movimento cíclico do nitrogênio entre o organismo vivo e o meio ambiente é chamado de ciclo do nitrogênio. Ele mantém o equilíbrio do nitrogênio no nitrogênio.

Fluxo de nitrogênio para o sistema biótico

O principal reservatório de N2 é a atmosfera. Será em compostos inorgânicos de nitrogênio por dois processos principais, eles são,

1. Fixação biológica N2
2. Fixação Não Biológica N2

1. Fixação biológica de N2: Os fixadores de N2 presentes no solo convertem a forma molecular N2 INTO inorgânica, e as plantas utilizam-na.

2. Fixação não Biológica N2: Durante o clareamento, o oxigênio do ar combina com o nitrogênio e é levado ao solo pela chuva, onde é absorvido pelas plantas e reduzido ao amoníaco.

Os organismos fixadores do N2 são bactérias, algas verdes azuis, clostridium, nitrosomonas, nitrobactor, rizobium, anabena, nostoc, etc. Os nitratos, nitritos e amoníaco são também fornecidos ao solo por fertilizantes.

O N2 fixo é absorvido pelas plantas através do sistema radicular e incorporado nas proteínas. Quando os herbívoros se alimentam destas plantas, o N2 flui para o corpo dos animais. Dos herbívoros, o N2 flui para os carnívoros através da cadeia alimentar.

Fluxos de nitrogênio para o sistema abiótico

A combinação de corpos mortos de plantas e animais resulta na produção de N2 molecular livre que, mais uma vez, volta para a atmosfera. Excrementos de animais e matéria orgânica morta produzida são decompostos por microrganismos no solo, através dos processos de amonificação e nitrificação para produzir amônia, nitratos e nitritos e novamente absorvidos pelas plantas.

O nitrato e o nitrito também são convertidos em nitrogênio molecular por microorganismo (bactérias desnitrificantes ex: Bacillus de-nitrification) através de um processo chamado de desnitrificação.

Amonificação

A conversão do composto orgânico de nitrogênio no solo em amônia pelas bactérias amonificantes é chamada de amonificação. Ex: Bacillus mycoids, B.Valgaris, micrococcus.

Nitririficação

A oxidação do amoníaco aos nitratos por nitrificação é chamada de nitrificação. Ocorre em 2 passos.

$$2NH_3 + 3\ O_2 \longrightarrow 2\ HNO_2 + 2H_2O$$

2.   Os nitratos são ainda oxidados aos nitratos por bactérias nitrificantes. Ex: Nitrobacter.

$$2HNO_3 + O_2 \longrightarrow 2\ HNO_3$$

Desnitrificação

A desnitrificação é um processo em que os nitratos são reduzidos a nitritos e, posteriormente, a nitrogénio gasoso. Ocorre em condições anaeróbias.

Ex: Closteridium, Micrococcus denitrficans

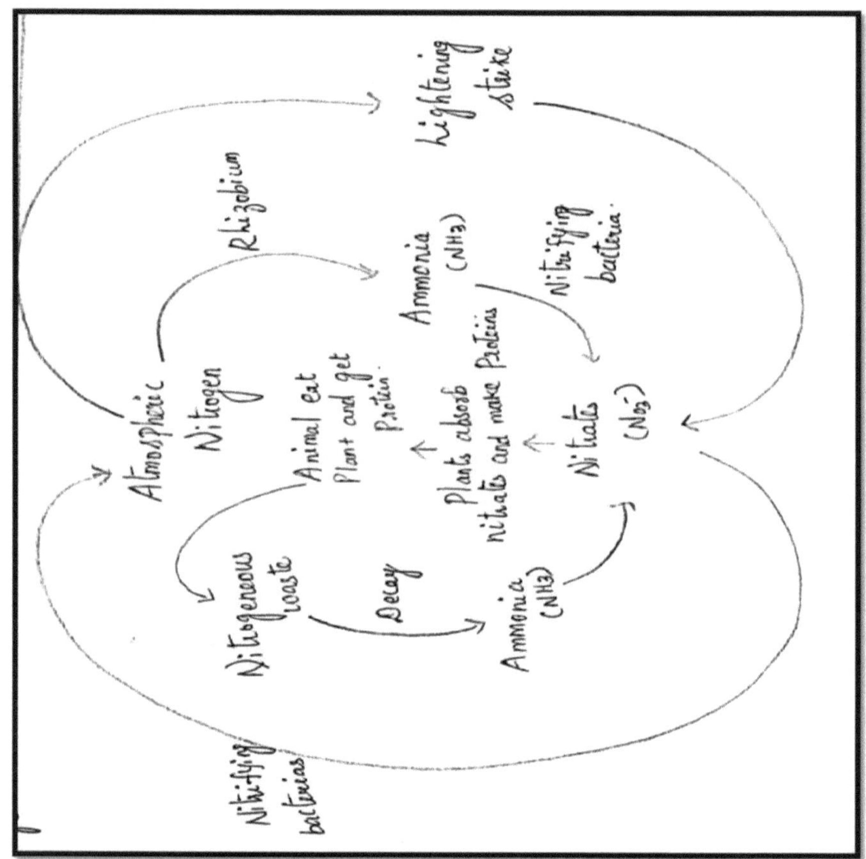

Fig: 44 NiCycle

FIXAÇÃO DE NITROGÉNIO

A conversão de nitrogênio molecular em compostos nitrogenados é conhecida como fixação de nitrogênio. 2 tipos de fixação de nitrogênio.

1. Fixação Não Biológica N2
2. Fixação biológica N2

1. Fixação não Biológica N2

A conversão de nitrogênio molecular em compostos nitrogenados através de clareamento ou radiação cósmica é conhecida como fixação não biológica de N2. O clareamento fornece alta energia, o nitrogênio combina com O2 para produzir óxido nítrico.

$$N_2 + O_2 \longrightarrow 2NO$$

Depois é oxidado a nitrogénio por óxido na presença de O2.

$$2 \ NO + O_2 \longrightarrow 2NO_2$$

Durante a chuva, o NO2 combina com a água da chuva, formando ácido nitroso/nítrico.

$$2NO_2 + H_2O \longrightarrow HNO_2 + HNO_3$$

No solo, o ácido nítrico reage com álcali para produzir nitritos e nitratos.

$$HNO_3 + alkali \longrightarrow NH_3 + NH_4$$

FIXAÇÃO BIOLÓGICA DE NITROGÉNIO

A conversão de nitrogênio molecular em uma forma nitrogenada utilizável através da agência de organismos vivos é conhecida como fixação biológica de nitrogênio. Existem 2 grupos de fixação de nitrogênio, de acordo com os tipos de organismos envolvidos.

1. Fixação simbiótica N2
2. Fixação não simbiótica de N2

Fixação simbiótica N2

Alguns microrganismos em associação simbiótica com outras plantas (leguminosas) fixando o nitrogênio atmosférico. Ex: Rhizobium.

1. **Fixação não simbiótica de N2**

Os microrganismos vivos livres do solo podem fixar o nitrogénio atmosférico ao NH3. Ex: Cianobactérias, Nostoc, Anabena, etc.

BIOQUÍMICA DE FIXAÇÃO SIMBIÓTICA E NÃO SIMBIÓTICA DE NITROGÊNIO

O processo de fixação de N2 ocorre em estado anaeróbico. A condição aeróbica pode ser dada pela proteína de leghaemoglobina pela célula hospedeira. (Plantas) Na fixação N2, a N2 é convertida em amônia solúvel. Como reação de redução são necessários 6 elétrons.

$$N_2 + 6H^+ + 6e^- \longrightarrow 2NH_3$$

A redução de N2 é catalisada por uma enzima 'nitrogenada' que está presente na bactéria.

É uma enzima complexa que consiste em 2 componentes

1. Componente da proteína ferro-molibdénio (proteínas Fe-Mo)
2. Componente ferro-proteína (Fe-proteína)

O componente ferro-proteína é extremamente sensível ao O2, requer condição anaeróbica para sua ativação. Isso é fornecido pela proteína leghamoglobina. Os 6 elétrons para a redução de N2into NH3 são doados pelo ciclo de Krebs e ETC. estes elétrons são aceitos pela Ferredoxina ou Flavoproteína, que é reduzida.

A partir da ferredoxina reduzida, os electrões são transportados para a componente Fe-proteína da enzima azoto. A Fe-proteína reduzida transfere os elétrons para o componente Mo-proteína que, por sua vez, é reduzido e acompanhado com ATP e Mg.

Da proteína MoFe reduzida, os elétrons são finalmente transportados para o nitrogênio molecular; reduzi-lo ao amoníaco. A redução de N2 terá lugar em 3 fases, tais como a transformação de dimida, hidrazina e amoníaco.

Na fixação não simbiótica de N2, o Azotobacter vivo livre (aeróbico), Clostridium (anaeróbico), BGA pode possuir as enzimas e a condição favorece a conversão de N2 em amoníaco. Assim, eles fixam o nitrogênio no solo.

FIXAÇÃO SIMBIÓTICA DE NITROGÊNIO: FORMAÇÃO DE NÓDULOS RADICULARES EM PLANTAS LEGUMINOSAS

- A leguminosa, as bactérias e o nódulo constituem o sistema de fixação simbiótica de nitrogênio.
- Tanto as bactérias como as plantas são beneficiadas pela associação.
- As bactérias obtêm seus nutrientes e fonte de energia da planta e fixam o nitrogênio atmosférico e o tornam disponível para a planta. Isso é uma relação simbiótica.
- Em primeiro lugar, o cabelo da raiz do plano produz uma proteína de ligação de açúcar chamada lectinas. Estas substâncias são estimulantes para as bactérias nodulares.
- As bactérias rizóbias produzem IAA (Ácido Indoléico).como substância estimulante e facilitam a ligação do organismo à ponta da raiz, que por sua vez se torna curvada.

- Agora as bactérias secretam a enzima, a poligalacturonase que lisa a pectina da parede celular da planta e faz a entrada.
- A partir do cabelo da raiz, os rizóbios entram nas células do córtex através dos fios de infecção.
- O fio da infecção cresce para dentro e se ramifica.
- O ramo atinge o córtex interior da raiz.
- À medida que as bactérias invadem as células corticais, a duplicação do número cromossómico ocorre como resultado da formação de células tetraplóides.
- As células bacterianas multiplicam-se e colonizam dentro das células hospedeiras, depois as células hospedeiras tornam-se bacteróides e têm uma forma irregular e uma natureza aeróbica.

- Os grandes grupos de bactérias não móveis dentro da membrana formam o bacteróide.
- Resulta na formação de nódulos na superfície superior das raízes.
- A bactéria flutua num pigmento vermelho Leghamoglobina encontrada nos nódulos. É a proteína heme de ligação ao oxigénio. Uma parte da globina é sintetizada pela planta hospedeira e a proteína heme é sintetizada pelo genoma bacteriano. Ela dá a cor rosada aos nódulos radiculares.
- Facilita a condição anaeróbica para a fixação do N2 e dá O2 também às bactérias.

CICLO DO FÓSFORO

O movimento cíclico do fósforo e a manutenção da quantidade de fósforo entre as regiões biótica e abiótica são conhecidos como ciclo do fósforo.

Importante do fósforo

- O fósforo é um importante constituinte das membranas biológicas.
- Grandes quantidades deste elemento fazem conchas, ossos, dentes.
- Na sua combinação com ATP, o fósforo deve ser considerado como uma substância chave na vida.

Fonte de fósforo

- A maior parte do fósforo presente na terra está integrada em rochas, solos ou sedimentos e distribuída de forma bastante uniforme por toda a terra.

- O fósforo é o nutriente limitante devido à sua escassez de forma acessível na biosfera.

Duas propriedades químicas são responsáveis pela escassez natural

- A dose de fósforo não forma nenhum composto gasoso.
- A insolubilidade dos sais formados pelo anião fosfato Po43-.
- O fósforo é obtido pelas plantas como um íon fosfato.

- A disponibilidade de fósforo depende da acidez do solo (valores de ^{PH}).

- Em solos ácidos, o ferro e os fosfatos ácidos dissolvem-se com menos facilidade, pois $^{o\,PH}$ diminui a solubilidade, os fosfatos básicos (alcalinos) de cálcio são solúveis, com aumento do $^{PH.}$ Assim, os fosfatos estão disponíveis para plantar em solo neutro.

- Parte do fósforo é perdido pela lixiviação e erosão do solo em cursos de água e rios. Quando o ecossistema é perturbado pela mineração ou formação, erosão, grande quantidade de fósforo é lavada e chega ao oceano.

- Como o fosfato não é solúvel na água, eles formam compostos insolúveis e se fixam no fundo do oceano. Esta é uma das razões da infertilidade do oceano.

- No atmosférico, o fósforo é combinado com aerossóis. O seu deslocamento sob a forma de tempestades de poeira e areia e erupções vulcânicas.

- A ligação entre a terra e o oceano é muito fraca, o transporte do mar para a terra é feito pelos peixes, colhidos de forma egoísta do oceano e consumidos em terra e excrementos de peixes que se alimentam de aves marinhas depositadas em terra.

- Por meio de um processo geológico extremamente lento no qual os sedimentos do fundo do mar sobem do mar para ilhas ou continentes.

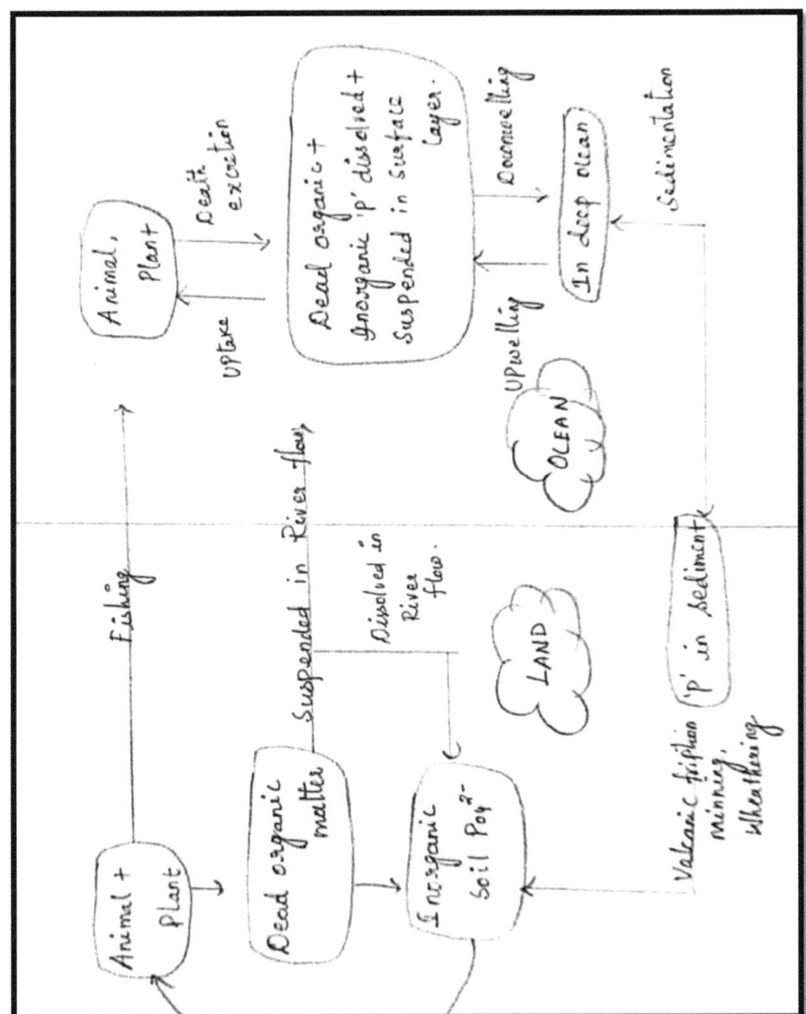

Fig.: 45 Ciclo Fósforo

CICLO DE SULFUR

O movimento cíclico do enxofre entre as regiões biótica e abiótica é conhecido como ciclo do enxofre. O enxofre é um componente importante do aminoácido e das proteínas. Alguns dos compostos de enxofre são enxofre elementar, sulfetos (S2), sulfureto de hidrogénio (H2S2), dióxido de enxofre (SO2), sulfato (SO42), ácido sulfuroso (H2SO4), etc. As transformações entre os diferentes estados de oxidação do enxofre são realizadas por bactérias.

Transformação dos compostos 'S' entre a atmosfera, a terra e o oceano

- Em presença de oxigénio dissolvido, o enxofre orgânico forma sulfato.
- Na ausência de oxigénio, forma sulfuretos.
- O sulfureto de hidrogénio produzido pela decomposição bacteriana é oxidado por oxigénio dissolvido na água, produzindo sulfito e sulfato.
- O sulfureto de hidrogénio emitido para a atmosfera é oxidado em dióxido de enxofre (SO2) por oxigénio atómico (O), oxigénio molecular (O2) e ozono (O3).
- O dióxido de enxofre é ainda oxidado para formar o trióxido de enxofre (SO3) e vários sulfatos, incluindo o ácido sulfúrico.
- A emissão de enxofre biogénico pelo fitoplâncton oceânico desempenha um papel na regulação climática global.
- Quando a água do oceano é quente, os organismos unicelulares libertam dimetilsulfóxido (DMS) que é oxidado para SO2 & SO4 na atmosfera. Agindo como um núcleo de condensação de gotículas de nuvens, estes aerossóis de sulfato aumentam a reflectividade da terra e arrefecem a terra.
- À medida que a temperatura do oceano cai, porque menos luz solar passa, a atividade fitoplanctônica diminui, a produção de DMS cai e as nuvens desaparecem.

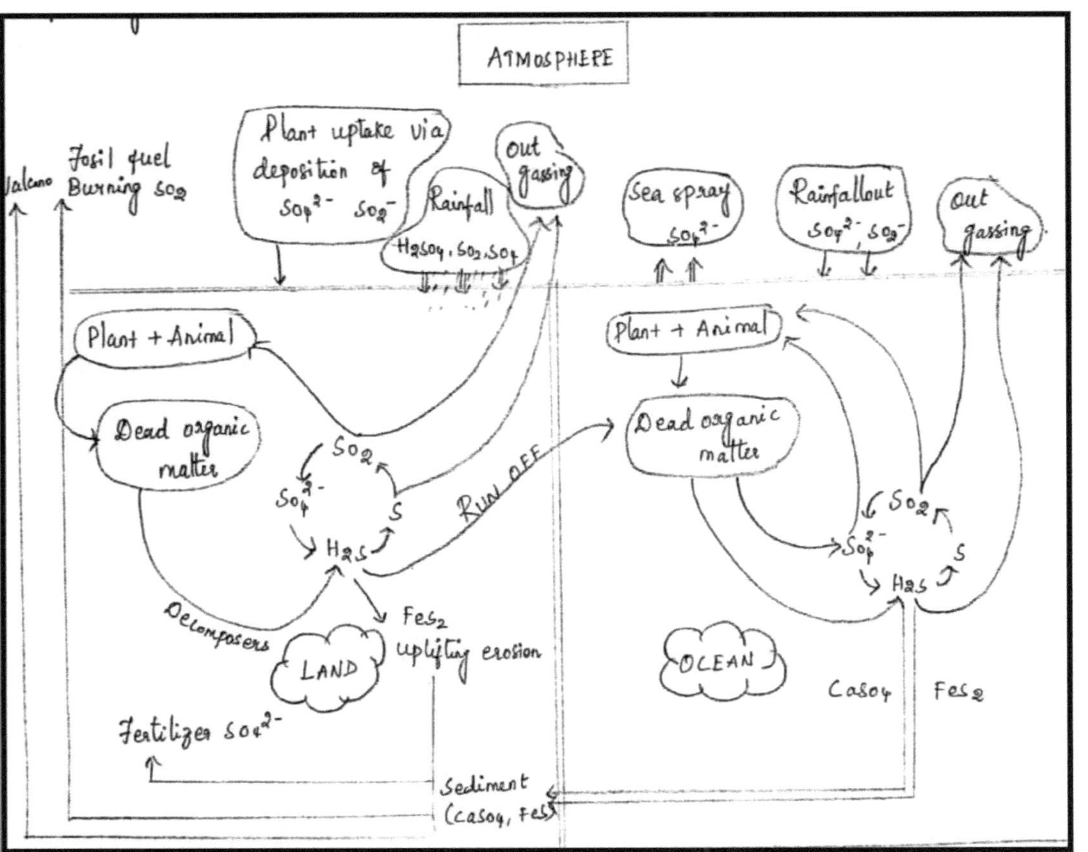

Fig: 46 Ciclo do Enxofre

Capítulo 4

HORMONAS VEGETAIS

A palavra hormonas derivadas do grego, que significa "pôr em movimento". As hormonas vegetais (também conhecidas como phytohormones) são substâncias químicas que regulam o crescimento das plantas, as quais, no Reino Unido, são designadas por "substâncias de crescimento das plantas". As hormonas vegetais são moléculas de sinal produzidas dentro da planta, e ocorrem em concentrações extremamente baixas. As hormonas vegetais afectam a expressão e os níveis de transcrição genética, a divisão celular e o crescimento.

A concentração de hormônios necessária para a resposta da planta é muito baixa. Hormônios regulam os processos celulares em células-alvo localmente e quando movidos para outros locais, em outros locais da planta.

Os hormônios vegetais não são nutrientes, mas produtos químicos que em pequena quantidade promovem e influenciam o crescimento, desenvolvimento e diferenciação de células e tecidos. Os hormônios também determinam a formação de flores, caules, folhas, o desprendimento de folhas e o desenvolvimento e maturação dos frutos. As plantas, ao contrário dos animais, carecem de glândulas que produzem e secretam hormônios, ao invés disso, cada célula é capaz de produzir hormônios.

As hormonas vegetais moldam a planta, afectando o crescimento das sementes, o tempo de floração, o sexo das flores, a senescência das folhas e dos frutos. O efeito que os tecidos crescem para cima e que crescem para baixo, formação das folhas e crescimento do caule, desenvolvimento e amadurecimento dos frutos, longevidade das plantas, e até a morte das plantas. As hormonas são vitais para o crescimento das plantas e, na falta delas, as plantas seriam na sua maioria uma massa de células indiferenciadas.

A biossíntese de hormônios vegetais dentro dos tecidos vegetais é muitas vezes difusa e nem sempre localizada. As plantas não têm glândulas para produzir e armazenar hormônios, pois ao contrário dos animais, que são alimentados por dois sistemas circulatórios (linfático e cardiovascular) alimentados por um coração que move fluidos ao redor do corpo. As plantas usam meios mais passivos para mover químicos ao redor da planta. As hormonas são transportadas dentro da planta através da utilização de quatro tipos de movimentos. Para movimentos localizados, o fluxo citoplasmático dentro das células e a difusão lenta de íons e moléculas entre as células são utilizados. Os tecidos vasculares são usados para mover hormônios de uma parte da planta para outra; estes incluem tubos de peneira que movem açúcares das folhas para as raízes e flores, e xilema que move água e solutos minerais das raízes para a folhagem.

Nem todas as células vegetais respondem a hormônios, mas as células que respondem são programadas para responder em pontos específicos do seu ciclo de crescimento. Os maiores efeitos ocorrem em fases específicas durante a vida da célula, com efeitos diminuídos que ocorrem antes ou depois deste período.

As plantas precisam de hormonas em momentos muito específicos durante o crescimento das plantas e em locais específicos. Elas também precisam desacoplar os efeitos que os hormônios têm quando não são mais necessários.

A produção de hormonas ocorre muito frequentemente em locais de crescimento activo dentro dos meristemas, antes das células terem sido totalmente diferenciadas. Após a produção são por vezes deslocadas para outros locais da planta onde causam um efeito imediato ou podem ser armazenadas em células para serem libertadas mais tarde.

As plantas utilizam diferentes vias para regular as quantidades hormonais internas e moderar os seus efeitos; elas podem regular a quantidade de produtos químicos utilizados para biossíntese das hormonas. Podem armazená-los em células, inativos ou canibalizar hormônios já formados, conjugando-os com carboidratos, aminoácidos ou peptídeos.

As plantas também podem quebrar quimicamente as hormonas, destruindo-as eficazmente. As hormonas vegetais regulam frequentemente as concentrações de outras hormonas vegetais. As plantas também movem as hormonas à volta da planta diluindo as suas concentrações. **CLASSES DE HORMÔNIOS VEGETAIS**

Em geral, é aceite que existem cinco classes principais de hormonas vegetais, algumas das quais são constituídas por muitas substâncias químicas diferentes que podem variar em estrutura de uma planta para outra. As substâncias químicas são agrupadas em uma dessas classes com base em suas semelhanças estruturais e em seus efeitos sobre a fisiologia das plantas.

Cada classe tem funções tanto positivas como inibitórias, e na maioria das vezes trabalham em conjunto, com proporções variáveis de uma ou mais interações para afetar a regulação do crescimento. As cinco principais classes são:

1. AUXIN
2. GIBBERELLIN
3. CYTOKININ
4. ABA
5. ETHYLENE

REGULADORES DE CRESCIMENTO DE PLANTAS

Um regulador de crescimento vegetal é um composto orgânico, natural ou sintético, que modifica ou controla um ou mais processos fisiológicos específicos dentro de uma planta. Se o composto é produzido dentro da planta, é chamado de hormônio vegetal.

As hormonas vegetais são produzidas naturalmente dentro das plantas, embora produtos químicos muito semelhantes sejam produzidos por fungos e bactérias que também podem afectar o crescimento das plantas. Um grande número de compostos químicos relacionados são sintetizados por humanos, são utilizados para regular o crescimento de plantas cultivadas, ervas daninhas e plantas e células vegetais cultivadas in vitro; estes compostos artificiais são chamados de REGULADORES DE CRESCIMENTO DE PLANTAS ou PGRs, para abreviar.

Um regulador de plantas é definido pela Agência de Proteção Ambiental como "qualquer substância ou mistura de substâncias destinadas, através de ação fisiológica, a acelerar ou retardar a taxa de crescimento ou maturação, ou alterar de outra forma o comportamento das plantas ou seus produtos". **HORMONAS E PROPAGAÇÃO DE PLANTAS:**

Os hormônios sintéticos vegetais ou PGRs são comumente usados em várias técnicas diferentes envolvendo propagação de plantas a partir de estacas, enxertia, micropropagação e cultura de tecidos.

A propagação das plantas através de estacas de folhas, caules ou raízes completamente desenvolvidas é feita por jardineiros que utilizam a auxina como um composto de enraizamento aplicado à superfície cortada; as auxinas são levadas para dentro da planta e promovem a iniciação das raízes. Na enxertia, a auxina promove a formação de tecido calo, que une as superfícies do enxerto. Na micropropagação, diferentes PGRs são usados para promover a multiplicação e depois o enraizamento de novas plântulas.

Na cultura de células vegetais, os PGRs são usados para produzir crescimento de calos, multiplicação e enraizamento.

1) . AUXINS

As primeiras hormonas vegetais a serem investigadas foram a Auxin. F. W. W. foi a Auxin de *Avena coleoptile* com sucesso.

QUEMISTRIA:

O Auxin mais comum encontrado nas plantas é o ácido indoleacético ou IAA. Existe apenas uma Auxina que ocorre naturalmente: o indole - ácido acético 3 (IAA) e esta está quimicamente relacionada com o aminoácido triptofano.

Tryptophan

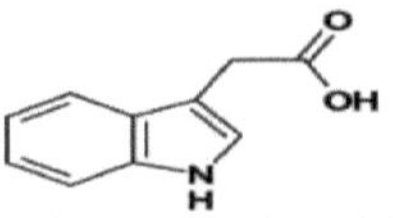

Indole-3-Acetic Acid
(an Auxin)

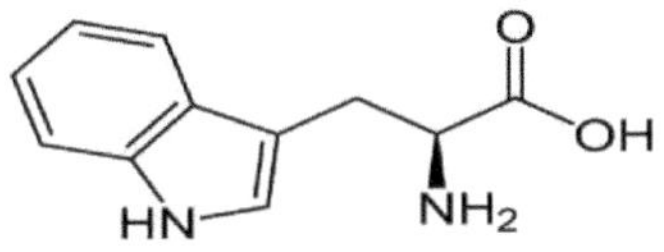

Fig: 47 Auxin

No Auxin há um anel de indole (pirrol de benzo) e uma cadeia de ácido acético. Quando a corrente lateral é CH3COOOH, o Auxin é de indole -3-acetate. Da mesma forma a cadeia lateral do butirato de indole -3 (IBA) e do propionato de indole -3 (IPA) são representados pelo ácido butírico e pelo propionato.

DISTRIBUIÇÃO DA AUXINA

Está amplamente distribuído na planta, mas sua concentração relativa difere em diferentes partes da planta. Por ser sintetizada em pontas de crescimento que podem ser transportadas para todas as partes da planta. Na monocultura, a maior concentração de Auxin é encontrada na ponta coleófila, que diminui progressivamente em direção à sua base. Da base do coleóptero a concentração de Auxin aumenta progressivamente até a ponta da raiz.

Na sementeira de dicotiledôneas a maior concentração é encontrada nas regiões de crescimento de rebentos, raízes, folhas jovens e desenvolvimento de rebentos auxiliares.

Dentro da planta a Auxin pode estar presente em 2 formas, a Auxin livre e a Auxin ligada livre é biologicamente ativa e a forma ligada é inativa.

BIOSINTHESE

Caminhos dependentes do triptofano

O ácido acético pode ser formado a partir do triptofano por 4 vias diferentes.

Via TAM (triptamina)

O triptofano é descarboxilado a partir da triptamina, seguido dos resultados da desaminação, a formação de indole-3-aceetaldeído. As enzimas envolvidas são a triptófano descarboxilase e a triptamina oxidase. Iald, é oxidado em ácido indole-3-acetático pelas enzimas Iald desidrogenase.

IPA (indole - 3 - caminho do ácido pirúvico)

O triptofano é desaminado ao ácido indole-3-pirucvico (IPA) seguido pela descarboxilação à IaId, pelas enzimas tryptophan transaminase e piruvate decarboxilase indole.

Caminho IAN (indole -3- acetonitrilo)

O triptofano é convertido em IAA na presença da enzima nitrilase. Indole-3-acetaldoxima e indole-3-acetonitrilo (IAN) são os intermediários.

Caminho bacteriano

Em algumas bactérias patogênicas, o triptofano é convertido em indole-3-acetamida (IAM) na presença de triptofano mono oxigenase, e depois hidrolisado para IAA pela hidrolase.

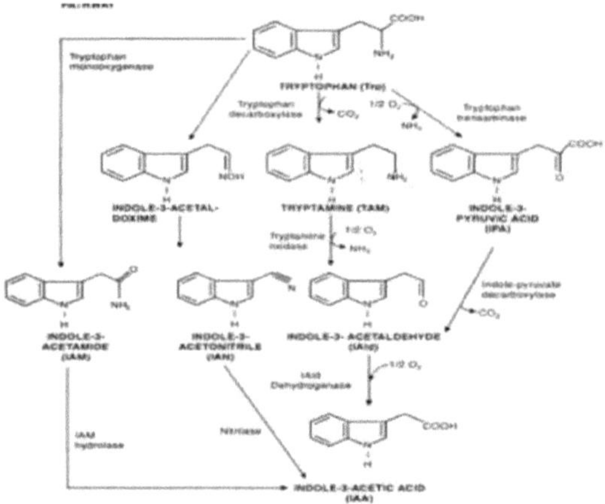

Fig: 48 Biossíntese de Auxin

EFEITOS FISIOLÓGICOS DA AUXINA

1) Alongamento celular

Auxin estimula o alongamento das células no rebento. Em curvaturas fototrópicas onde a luz unilateral distribui de forma desigual a auxina na ponta do caule. Uma maior concentração no lado sombreado faz com que as células se alonguem mais rapidamente resultando na flexão da ponta do caule em direcção à luz.

A auxina provavelmente causa o alongamento celular:

- Ao aumentar os solutos osmóticos das células.
- Ao reduzir a pressão da parede.
- Ao aumentar a permeabilidade das células à água.
- Por um aumento na síntese da parede.
- Ao induzir a síntese de novo m-RNA dependente de DNA específico e proteína enzimática específica.

2) Dominância apical

Tem sido comumente observado em plantas vasculares. A dominância apical pode estar sob o controle da produção de auxinas, que se o botão terminal está intacto e crescendo o crescimento dos botões laterais logo abaixo dele permaneceu suprimido. A remoção da gema apical resulta no rápido crescimento das gemas laterais. Isto é chamado de dominância apical.

3) Iniciação radicular

A maior concentração de auxina inicia mais raízes de ramos laterais, mas inibe o alongamento da raiz.

4) Prevenção de Abscisão

Auxin pode controlar a abcisão de folhas e frutos.

5) Partenocarpia

Auxin pode induzir a formação de frutos partenocarpicais. Ex: Banana, abacaxi, etc. A quantidade de auxina nos ovários é maior do que nas plantas que produzem a fertilização das artérias dos frutos.

6) Respiração

A Auxin pode aumentar a taxa de respiração indirectamente através do aumento da oferta de ADP, utilizando rapidamente o ATP nas células em expansão.

7) Formação do calo

Auxin também pode ativar a divisão celular, em culturas de tecidos o crescimento do calo pode ser induzido por auxins.

8) Diferenciação Vascular

Auxin pode induzir a diferenciação vascular nas plantas.

MODO DE AÇÃO

Os efeitos fisiológicos mais importantes da Auxin é estimular o alongamento da chamada no tronco e coleópteros. Os locais alvo da auxina em caules de dicotiledôneas são a epiderme, e o córtex externo. Nos coleópteis, epiderme e células mesofílicas.

- O receptor de ligação auxiliar 1(ABP1) está localizado em retículo endoplasmático e é uma dimernade de 2polipéptidos de cerca de 22kD cada.

- Um tempo mínimo de atraso para o crescimento induzido pela auxina é de 10 minutos.

- Auxin causa o aumento da parede celular por eventos de perda de parede que requerem a entrada contínua de energia metabólica.

Hipótese de expressão gênica

- Silberger e skoog sugerem que a auxina influencia a síntese de ácido nucleico. Esta hipótese é conhecida como ativação de genes ou hipótese de expressão gênica.

- A IAA actua em várias fases sobre diferentes factores com replicação, transcrição e tradução de ADN.

- A taxa de RNA polimerase I e II é aumentada dentro de 24 a 28 horas de aplicação da auxina, o que leva a um aumento do r-RNA.

- A ação primária da auxina foi proposta por Masuda, que a auxina induz m-RNA e m-RNA específicos produz a enzima B-1, 3 glucanase que participa da hidrólise da parede celular para o afrouxamento da parede.

Hipótese de crescimento ácido

Cleland & Hager propôs o efeito de crescimento ácido, pensa-se que a acidificação do muro é para aumentar o afrouxamento e permitir um crescimento rápido. Auxin causa células responsivas a extrusão de prótons do citoplasma para a parede celular resultando na diminuição do pH da parede celular, ou seja, acidificação da parede celular.

O baixo pH applástico ativa as enzimas de soltura da parede celular (celulases, hemi-celuloses e pectinases) que quebram as ligações de suporte de carga, aumentando assim a extensibilidade da parede celular. A extração de prótons é fascilitada pela bomba de íons H+ -ATPases que está localizada na membrana de plasma.

Dois modelos para explicar o mecanismo da extrusão de prótons induzida por Auxin

Auxin inicia um caminho de transdução de sinal que resulta na produção de mensageiros secundários que atuam diretamente antes de sair do H+ -ATPases. Os mensageiros secundários induzidos pela Auxin ativam a expressão de genes que codificam a membrana plasmática H+ -ATPases. Estes últimos são sintetizados em retículo endoplasmático rugoso e direcionados à membrana plasmática.

O afrouxamento da parede induzido pela Auxin é mediado por proteínas específicas chamadas expansões, quebrando as ligações de hidrogênio entre os componentes polissacarídeos da parede celular. A auxina pode aumentar a atividade de certas enzimas que estão envolvidas na biossíntese de polissacarídeos da parede celular.

2)   . GIBBERELINS
INTRODUÇÃO

As giberelinas, ou GAs, incluem uma grande variedade de produtos químicos que são produzidos naturalmente dentro das plantas e por fungos. Elas foram descobertas pela primeira vez quando pesquisadores japoneses. Incluindo Eiichi Kurosawa, notou-se um químico produzido por um fungo chamado Gibberella fujikuroi que produziu um crescimento anormal em plantas de arroz. As gibberelinas (GAs) são o maior grupo com mais de 70 compostos, embora nem todas sejam biologicamente ativas. Como as ABA, elas são derivadas da via isoprenóide. As giberelinas são usadas comercialmente para quebrar a dormência das sementes "difíceis".

QUÍMICA E BIOSSÍNTESE
GibberellinsA1

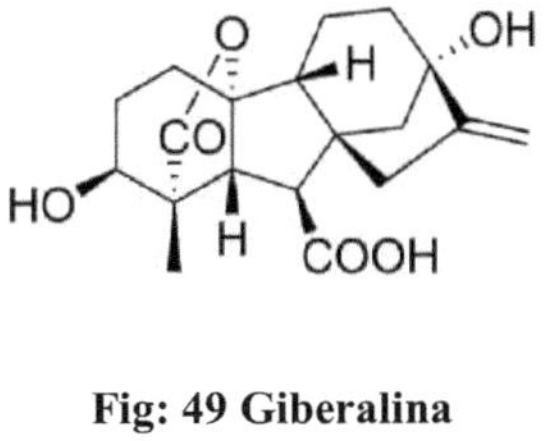

GibberellinsA3

Fig: 49 Giberalina

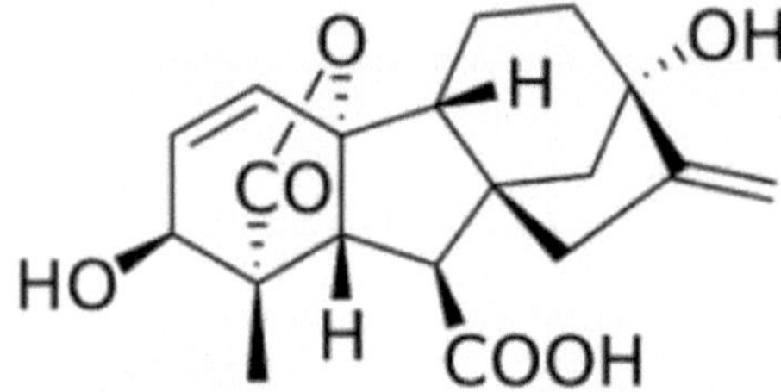

Gibberellin A3

As giberelinas são ácidos diterpénicos tetracíclicos. Cerca de 125 giberelinas diferentes são isoladas e caracterizadas quimicamente. Elas têm um esqueleto comum de ent -giberalelano. Algumas giberelinas têm 20 átomos de carbono e são chamadas de c20- GA12, GA27etc. Outros podem perder 1 carbono para o metabolismo e conter apenas 19C e chamados como c19 ex: GA1, GA3 ect. Os GAs são diferentes pela posição dos grupos -OH e metil, Todos os GAs têm grupo -COOH na 7ª posição de carbono.

BIOSINTHESE

O precursor primário para a síntese de Gibberellin é o acetato, condensação de pirofosfato isopentnyl através de uma série de intermediários que formam o esqueleto de Gibberellin. As Gibberelinas são sintetizadas no apical de,

1) Desenvolvimento de sementes e frutos

2) Folhas jovens de brotos e rebentos apicais em desenvolvimento

3) As regiões apicais das raízes

3 estágios de biossíntese da giberelina:

Fase1: formação de precursores terpenóides e ent -kaurene em plastídeos

O precursor 5C isopentanil pirofosfato (IPP) sintetizado pela via do ácido mevalônico nos plastids ou citosol, 4 IPP condensado para formar Geranil geranil pirofosfato (GGPP),GGPP é convertido por 2 reações de ciclização através de copalylpyrophosphate em ent- kaurene pelas enzimas ciclases.

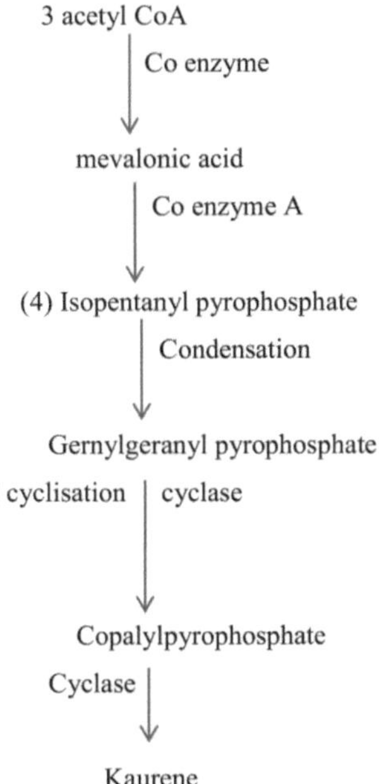

Etapa 2: Oxidação para formar GA 12 aldeído

O ent-kaurene é transportado para o retiulame endoplasmático. Agora o grupo metilo é oxidado ao grupo carboxílico e a contração do anel B de 6-C a 5-C para formar o aldeído GA 12 através de uma série de intermediários pela enzima mono oxigenase.

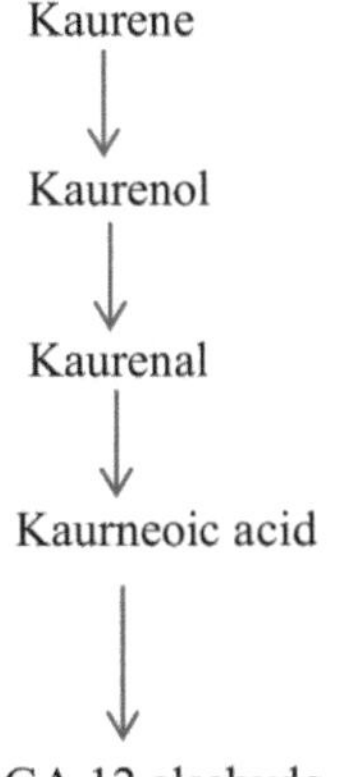

GA 12 alsehyde

Etapa 3: Formação de todos os outros GAs em citosol

Pela enzima dioxigenase o aldeído GA12 é oxidado e forma os diferentes ácidos giberélicos no citosol.

Distribuição de Gibberellins

As gibberelinas são encontradas em todas as plantas superiores. Os órgãos reprodutivos têm concentrações elevadas do que as partes vegetativas. As sementes imaturas contêm grande quantidade de gibberelinas e os rebentos, raízes, folhas, flores, pétalas, anteras também. As giberelinas podem ocorrer em 2 formas - giberelinas livres e giberelinas ligadas como giberelinas-glicósidos.

MODO DE AÇÃO

As gibberelinas são muito activas. Elas podem induzir a resposta celular mesmo em baixas concentrações (0,1ng). As sequências de eventos pelas ações das gibberelinas são.

Ligação de hormonas aos receptores.

Activação das vias de transdução de sinal.

Transcrição de genes de resposta primária e secundária.

Um evento anterior de deprimir os genes regulados negativos da resposta da AG.

A. Promoção do alongamento do tronco

O tempo mínimo de atraso para o crescimento induzido pela AG é de 40 minutos e o máximo de 23hrs. O alongamento da haste envolve tanto a divisão celular como o alongamento celular. A AG pode aumentar a mitose nas regiões apicais. Dá à parede celular extensibilidade sem a acidificação.

Existe uma estreita correlação entre o crescimento induzido pela AG e a actividade das enzimas Xiloglucan transglicosilase. Esta enzima hidrolisa Xiloglucanos das paredes celulares e causa rearranjo molecular. Ela também pode facilitar a penetração das proteínas Expansms na parede celular causando o afrouxamento da parede. Assim, proporciona a extensibilidade da parede.

GA pode estimular a divisão celular aumentando a expressão de 2 genes (CDC2) que codificam a proteína quinase dependente do cilindro (CDKs), que são as enzimas que regulam os ciclos celulares.

Existem 3 factores transcripcionais principais que actuam como repressores da resposta da AG. Eles são GAI, RGA, SPY. Eles inibem a transcrição de genes que levam ao crescimento. Em presença

da AG estas respostas são desativadas ou degradadas para que a transcrição dos genes ocorra que leva ao alongamento do caule.

A. Mobilização das reservas alimentares de endosperma

As giberelinas são importantes na germinação de sementes que afetam a produção de enzimas que mobilizam a produção de alimentos usados para o crescimento de novas células. Isto é feito através da transcrição cromossômica modulada. Nas sementes de cereais (arroz, trigo, milho, etc.), uma camada de células chamada camada de aleurona envolve ao redor dos tecidos do endosperma.

A absoção de água pela semente causa a produção de GA. A GA é transportada para a camada de aleurona, que responde através da produção de enzimas que quebram as reservas alimentares armazenadas dentro do endosperma, que são utilizadas pela semeadura crescente.

O mecanismo de indução da síntese de a-amilase

(i)   GA combina com um receptor na membrana plasmática externa da célula da camada de aleurona

(ii)   O complexo GA -receptor interage com a proteína G heterométrica e inicia 2 vias separadas de transdução de sinal. Eles são,

Um caminho de transdução de sinal independente do cálcio - o GMP - atua como um segundo mensageiro - conduz a expressão do gene a- amilase.

Uma via de transdução de sinal dependente do cálcio - o cálcio liga-se com calmodulin e a proteína quinase actua como um segundo mensageiro que leva à secreção da a- amilase.

A via de transdução de sinal independente do cálcio

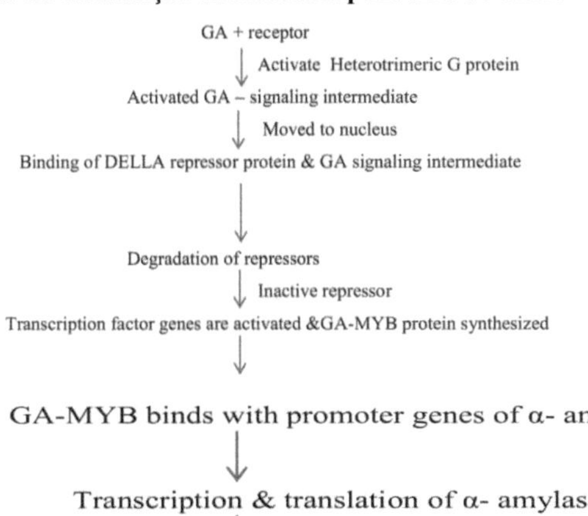

EFEITOS FISIOLÓGICOS DAS GIBBRELLINS

1. Germinação da semente

As sementes sensíveis à luz são germinadas quando expostas à luz ou à luz vermelha. Esta exigência de luz é superada pelo tratamento com ácido giberélico no escuro.

2. Dormência de botões

Nas regiões temperadas, a dormência dos botões pode ser quebrada pelo tratamento com giberalina.

3. Crescimento das raízes

A giberelina inibe o início do crescimento das raízes.

4. Elongação dos internódios

Gibberellin pode superar o nanismo genético. A aplicação externa da gibberelina pode aumentar as gibberelinas eadógenas ou reduzir o efeito dos inibidores de crescimento.

5. Aparafusamento e floração

As giberelinas induzem a floração em plantas de dias longos. Pode ou não induzir a floração em plantas de dia curto. Pode superar o hábito de rossette das plantas. Isso é um caule curto e folhas de couve. Após o tratamento da gibberelina, o caule alonga-se rapidamente e converte-se em eixo floral.

6. Partenocarpia

A formação de frutos partenocarpicais pode ser induzida pelo tratamento da giberelina. Tomates sem sementes e carnudos e uvas de grande porte são produzidos comercialmente através do tratamento com gibberelinas.

7. Crescimento do caule inibido pela luz

As plantas cultivadas no escuro são mais altas. Caules mais finos e pálidos. As plantas de crescimento leve têm caules mais curtos e verdes. O tratamento com giberelina pode induzir o crescimento do caule e tornar-se castanho devido à quebra de proteínas no caule. Assim a luz pode baixar as giberelinas endógenas e inibir o crescimento do caule.

8. Síntese da enzima a -amilase

A importante função da giberelina é provocar a síntese de uma -amilase na camada de aleurona e induzir a germinação.

3)   . CYTOKININS

As citocininas ou CKs são um grupo de produtos químicos que influenciam a divisão celular e a formação de rebentos. Elas eram chamadas de quininas no passado, quando as primeiras citocininas eram isoladas das células de levedura. Miller et al que descobriram pela primeira vez as cinetinas na cultura do calo medula do tabaco, como um produto degradante do DNA, ou seja, 6-furfuryl amino purine. Ela é especificamente ativa na divisão celular, por isso foi chamada como cinetina.

QUEMISTRIA

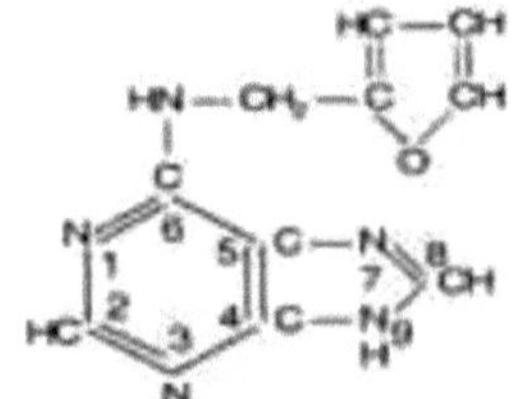

Fig 17.21. Structure of Kinetin (6-furfurylaminopurine).

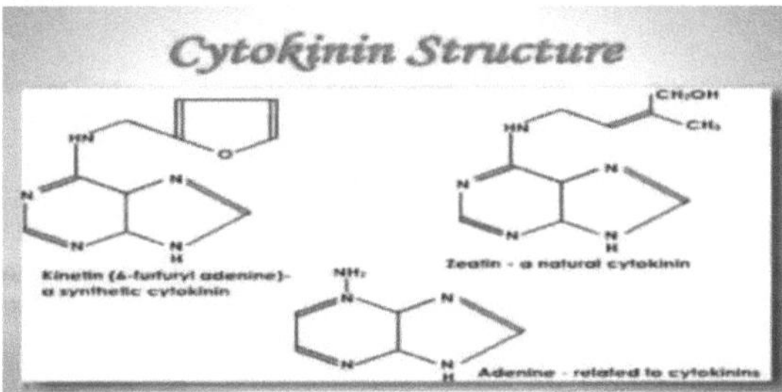

Fig: 50 Cytokinin

A Zeatina é a citocinina natural, amplamente distribuída. A citocinina zeatina, zea, na qual foi descoberta pela primeira vez em grãos imaturos. Foi identificada como 6(4-hidroxi-3-metilbut-trans-2- enil) amino purina. Ela é mais ativa que qualquer outra citocinina devido à presença do grupo alélico-OH reativo em sua cadeia lateral.

Tem dupla ligação na sua cadeia para que possa existircis ou formas Trans pela enzima zeatina isomerase. A trans-zeatina é a forma biologicamente mais ativa. Outras citocininas são a diidrozeatina (DZ), N6- $^{(Д2}$ isopentanil) adenina (ip)

Existem várias citocininas que ocorrem naturalmente, todas relacionadas com a adenina nucleotídica. Elas podem ocorrer como a base livre ou como uma ribose. As citocininas sintéticas incluem a benziladenina e a cinetina. As citocininas são utilizadas em meios de cultura de tecidos e para controle de crescimento em frutos.

DISTRIBUIÇÃO

As citocininas são sintetizadas nas raízes durante a fase de muda e translocadas para os rebentos e folhas da planta. As mais altas concentrações estão presentes nas pontas das raízes e dos rebentos. Pode ser translocada através do xilema.

BIOSINTHESE

Adenine monophosphate + isopentanlypyrophosphate

$\downarrow$ Isopentanlytransferase

N^6-(-(Δ^2 –isopentanly)-adenosine-5` monophosphate

$\downarrow$ Dephosphorylation

N^6-(- Δ^2 –isopentanly)-adinosine

$\downarrow$ Removal of ribose sugar

N-^{6}(-(Δ2-isopentanly)-adenine (ip)

$\downarrow$ Hydroxylation

Free zeatin

$\downarrow$ Reduction

Dihydrozeatin (diHZ)

Os CKs são sintetizados a partir de adenosina monofosfato (AMP) e isopentanil pirofosfato (-IPP) por reação de condensação catalisada pela isopentanil transferase e produzem N6-(-($^{A2\text{-isopentanil}}$)-adenosina-5' monofosfato (9R-5'-P) iP como um precursor de todas as citocininas.

> (9R-5-P) iP é desfosforado para produzir N6 -(-A2-isopentanil)-adenosina.

> Em seguida, a remoção do açúcar ribose produz N6-(-(^{A2} isopentanil) -adenina.

> A cadeia lateral Isopentanil do iP está agora hidroxilada para formar zeatina livre.

> A redução da dupla ligação na cadeia lateral isopentanil da zeatina dá diidrozeatina.

MECANISMO DE AÇÃO DA CITOCININA

O mecanismo de acção da cinetina é ainda desconhecido. Na arabidopsis, um receptor de citocinina foi identificado como uma proteína transmembrana chamada CRE. É um dímero, cada polipéptido contém 3 domínios.

1. Um domínio extra-celular CHASE.
2. Um meio H Seu (Histidina)kinase domínio
3. Um domínio receptor

>   - Dois outros sensores híbridos histidinases chamado AHK2 & AHK3 com CHASE
>   também ace como receptores de citocinina.

Sinalização Cytokinin

- A citocinina liga-se ao receptor de domínio extracelular CHASE na membrana plasmática.

- O domínio da histidina quinase média é ativado por ATP e o fosfato é transferido para resíduos de aspartato no domínio receptor.

- Do domínio receptor, o fosfato é transferido para uma histidina conservada localizada na proteína AHP (ou seja, a Arabidose Histidina Fosfotransferida), a AHP fosforilada move-se para o núcleo.

- A AHP fosforilada transfere o grupo fosfato para um resíduo de aspartato no domínio receptor do tipo - B ARR.

- Tipo - Os ARRs de B interagem com outros agentes de efeito que levam a respostas de citocinina.

- Tipo - Uma ARR também fosforilada por AHP fosforilada e interage com outros efetores leva a respostas celulares.

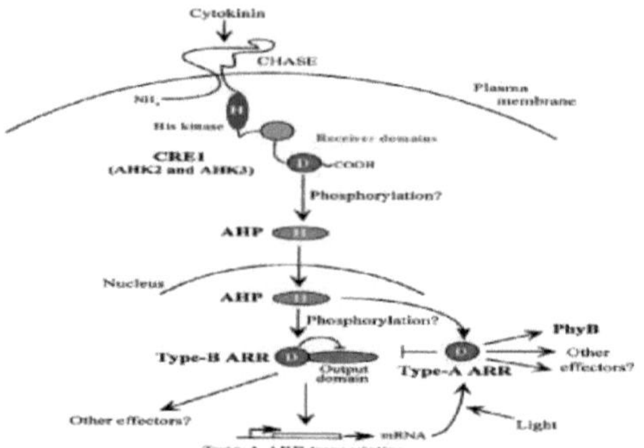

Fig: 51 Mecanismo da ação da citocinina

EFEITOS FISIOLÓGICOS DA CINETINA

1. CELL DIVISION:

Induz a divisão celular na presença de auxina.

2. AMPLIAÇÃO CELULAR

Tal como a auxina e a giberelina cinetina também induzem o aumento das células. Ela promove a expansão celular sem a extrusão de prótons. Especialmente em cotyledomes. A auxina e a giberelina não podem induzir a expansão celular nos cotilédones.

3. INICIAÇÃO DO CÂMBIO INTERFASCICULAR

A Kinetin pode induzir a formação de câmbio interfascicular.

4. MORPHOGENESIS

Kinetin tem a capacidade de induzir as mudanças morfogenéticas em um calo indiferenciado de outra forma. A proporção de cinetina e auxina pode induzir a formação de raízes e botões a partir do calo. Como a Auxina Alta.

5. CONTRA-ACÇÃO DE APICALDOMINÂNCIA

As citocininas contrariam o domínio apical induzido pelas auxinas. Wickson e Thimann descobriram que as concentrações de equilíbrio entre a cinetina e a auxina podem controlar o efeito da dominância apical nas plantas de ervilha. Essas citocininas têm um papel no início do crescimento dos botões laterais. Isso pode ser comprovado em mutantes de produção excessiva de citoquinina do tabaco.

6. DORMÊNCIA DAS SEMENTES

A dormência das sementes sensíveis à luz pode ser quebrada pelo tratamento com cinetina. ela supera o efeito inibidor da luz vermelha distante.

7. O ATRASO DA SENESCÊNCIA; O EFEITO RICHMOND-LANG

Eles também ajudam a retardar a senescência ou o envelhecimento dos tecidos. São responsáveis por mediar o transporte das auxiliares em toda a planta. E promovem a síntese de proteínas do que a sua

degradação. Assim, o processo de envelhecimento é atrasado. Este efeito da cinetina em atrasar a senescência é chamado de efeito Richmond-Lang.

8. PROMOÇÃO DO CLOROPPLÁSTICO

Quando as sementes etioladas tratadas com cinetina e luz. Melhora a conversão de etioplastos em cloroplastos. Assim, desenvolve extensos grana e clorofila e taxa de síntese de enzimas fotossintéticas.

4)   . ÁCIDO ABSCÍSICO

Ácido abscísico também chamado ABA. Foi descoberto e pesquisado sob dois nomes diferentes antes de suas propriedades químicas serem totalmente conhecidas. foi chamado de dormin e abscicinII . uma vez que foi determinado que os dois últimos compostos eram os mesmos; foi chamado de ácido abscísico. O nome "ácido abscísico" foi dado porque foi encontrado em alta concentração em folhas recém abscissadas ou recém-abandonadas.

O ácido abscísico (ABA) é um dos dois compostos relacionados (o outro é xantoxina) que estão no grupo isoprenoide e relacionados aos carotenóides O ABA é um material muito caro e até agora não existem analógicos sintéticos ou usos práticos.

QUEMISTRIA

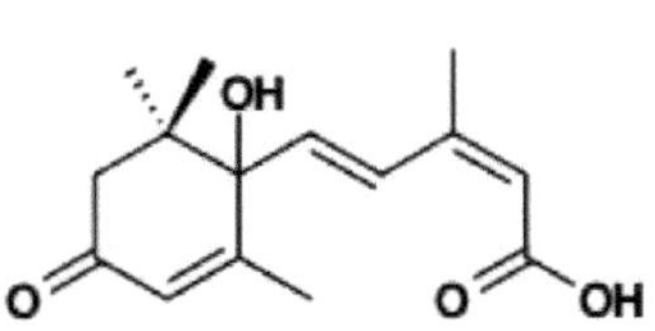

Fig: 52 Ácido Abscísico

O ácido abscísico é um composto sesquiterpeno 15-C composto por 3 resíduos de isopreno e com um anel de ciclohexano com keto e um grupo hidroxila e uma cadeia lateral com um grupo carboxílico terminal em sua estrutura.

- A ABA ocorre nas formas cis e Trans isoméricas que são decididas por orientação do grupof-COOH a 2 átomos de carbono na molécula.
- devido à presença do centro quiral em 1 posição,ABA também ocorre em 2 formas enantioméricas.(dextrorotatory & laevorotatory)

BIOSINTHESE

- Os passos iniciais da biossíntese ocorrem em cloroplasto ou outros plastídeos, enquanto os passos finais ocorrem em citosol.
- As 3 moléculas de difosfato de farnesil 15-C (FPP) condensadas para formar 40-c xantofila zeaxantina.
- A enzima zeaxantina epoxidase (ZEP) converte a zeaxantina em violaxantina.
- A violaxantina é convertida em 9-cis-neoxantin.it é então clivada em um xantoxal composto de 15-c e um aldeído de 25-cepoxy na presença da enzima 9-cis- epoxicarotenoid dioxigenase (NCED).
- O Xanthoxal é finalmente convertido em ABA em citosol através de 2 etapas de oxidação catalisadas pelas enzimas aldeído oxidases envolvendo aldeído abscisil como intermediário.

DISTRIBUIÇÃO

Está presente principalmente em folhas verdes maduras. O ABA também é detectado em todos os órgãos principais, desde as tampas das raízes até aos botões apicais, tais como raízes, caules, gomos, folhas, frutos e sementes. É uma hormona ubíqua das plantas vasculares. O ABA ocorre predominantemente em livre de, mas também pode ocorrer em conjugado ou ligado a partir de como glicosídeos, como os ésteres ABA -p-D -glucosyl.

EFEITOS FISIOLÓGICOS

Encerramento Estomatológico

Nas plantas sob stress hídrico, a ABA desempenha um papel no fechamento dos estômagos. Logo após as plantas estarem em stress hídrico e as raízes estarem deficientes em água, um sinal sobe até às folhas, provocando a formação de precursores de ABA, que depois se deslocam para as raízes. As raízes então liberam ABA, que é translocado para a folhagem através do sistema vascular e modula a absorção de potássio e sódio dentro das células de guarda, que então perdem turgidez, fechando os estômatos.

Outros Efeitos

Desde que foi encontrado em folhas recém-abandonadas, pensava-se que desempenhava um papel nos processos de queda natural das folhas, mas mais pesquisas têm desmentido isso. Em espécies vegetais de partes temperadas do mundo, desempenha um papel na dormência das folhas e sementes, inibindo o crescimento, mas, à medida que é dissipada das sementes ou mas, o crescimento começa.

Em geral age como um composto químico inibitório que afeta o crescimento de gemas, sementes e dormência de gemas, medeia as mudanças dentro do meristema apical causando dormência de gemas e a alteração do último conjunto de folhas em tampas protetoras de gemas.

O ácido abscísico se acumula dentro das sementes durante a maturação dos frutos, impedindo a germinação das sementes dentro dos frutos, ou a germinação das sementes antes do inverno, os efeitos do ácido abscísico são degradados dentro dos tecidos da planta durante a temperatura fria ou pela sua remoção por lavagem com água dos tecidos, liberando as sementes e a alteração do último conjunto de folhas em tampas protetoras de botões. À medida que as plantas começam a produzir rebentos com folhas totalmente funcionais, os níveis de ABA começam a aumentar. Como o ABA se dissipa lentamente dos tecidos e seus efeitos levam tempo para serem compensados por outros hormônios vegetais, há um atraso no caminho fisiológico que fornece alguma proteção contra o crescimento prematuro. O ABA existe em todas as partes da planta e sua concentração dentro de qualquer tecido parece mediar seus efeitos e função como hormônio; sua degradação, ou mais propriamente catabolismo, dentro da planta afeta as reações metabólicas e o crescimento celular e a produção de outros hormônios.

O stress da água ou predação afecta a produção de ABA e as taxas de catabolismo, mediando outra cascata de efeitos que despoletam uma resposta específica das células alvo. Os cientistas ainda estão a juntar a complexa interacção e efeitos desta e de outras fito hormonas.

5)   . ETHYLENE

QUEMISTRIA

O etileno é a única hormona gasosa no mundo vegetal; é um simples gás hidrocarboneto que se forma através do ciclo yang pela decomposição da metionina, que está em todas as células através de um composto cíclico incomum, que também é um aminoácido, o ACC (1-aminociclopropano -1-ácido carboxílico).

Etileno (C2H4) com um peso molecular de 28 e tem a fórmula estrutural,

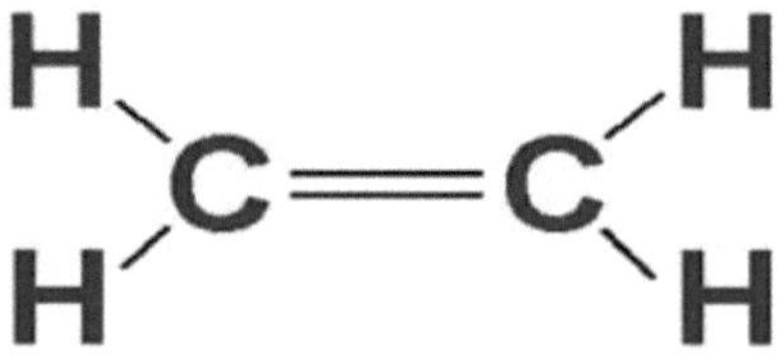

Fig: 53 Etileno

O etileno é uma substância inflamável e altamente volátil que sofre oxidação para produzir óxido de etileno. É incolor, ar mais claro à temperatura ambiente e tem uma solubilidade muito limitada na água.

Ela não se acumula dentro da célula, mas se difunde para fora da célula e escapa para fora da planta. A sua eficácia como hormona vegetal depende da sua taxa de produção versus a sua taxa de fuga para a atmosfera. O etileno é facilmente absorvido pelo $KMnO_4$, pelo que é utilizado para remover o excesso de etileno das câmaras de armazenamento.

BIOSINTHESE

O etileno é sintetizado a partir de metionina, 1-amino ciclopropano -1 ácido carboxílico (ACC) como um composto intermediário em um caminho de três etapas.

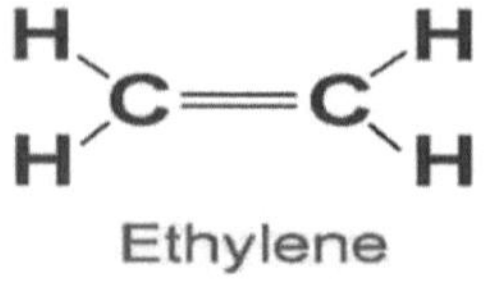

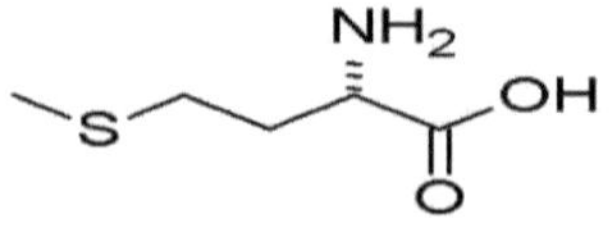

1. **Primeiro passo**

Na primeira etapa, uma adenosina é transferida para a metionina por ATP para formar S-adenosilmetionina (SAM) pela enzima SAM - synthetase

2. **Segundo passo**

A SAM é clivada para formar 1- aminociclopropano -1 - ácido carboxílico (ACC) e 5 -

metiltioadenosina (MTA) pela enzima ACC -sintase.

3.   Terceiro passo

O ACC é oxidado pela enzima ACC -oxidase (enzima formadora de etileno -EFE) para formar o etileno. 2 moléculas -HCN, H2O são eliminadas. O ACC oxidase requer Fe2+ e ascorbato como cofactores. O enxofre libertado da metionina como CH3 - s - grupo é reciclado de volta através do ciclo yang. A biossíntese do etileno pode ser estimulada por IAA, citoquininas, condições de tensão de maturação e feridas mecânicas.

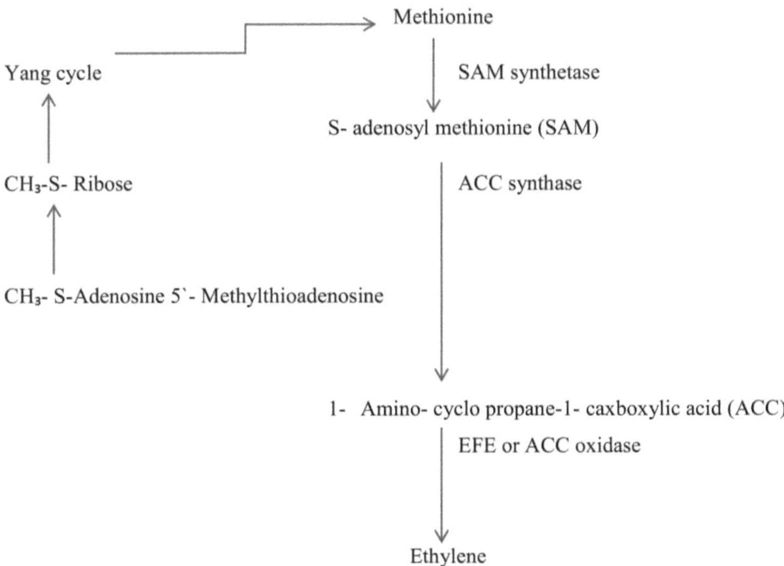

DISTRIBUIÇÃO

O etileno pode ser sintetizado por raízes, caules, folhas, tubérculos, bulbos, frutos e sementes de todos os grupos de plantas, sendo mais elevado nos tecidos senescentes e frutos maduros. O etileno está localizado principalmente nos tecidos periféricos. Devido à sua natureza hidrofóbica, pode facilmente passar através da membrana plasmática para dentro da célula, difundindo-se facilmente dentro da planta. O etileno é biologicamente ativo em baixa concentração (<1ppm).

MECANISMO DE AÇÃO DO ETILENO

1. Ligação do etileno a um receptor

2. Ativação de vias de transdução de sinal

3. Modulação da expressão gênica levando à resposta celular.

Um receptor de ligação de etileno foi identificado em Arabidopsis thaliana como ETR1 e alguns outros receptores chamados ETR2, ERS, ERS2, e EIN4, ETR1 é um dímero de 2 polipéptidos ligados por ligações de dissulfeto (s-s-) e localizado em retículo endoplasmático. Cada dímero contém 3 domínios.

- O domínio do terminal Amino contém um local de ligação de etileno.
- Domínio da histidina cinase média.
- Domínio Receptor.

O etileno liga-se ao domínio transmembrana do receptor através de um cofactor de cobre. O cobre pode ser incorporado à proteína receptora pela proteína RAN1 .o domínio da sua cinase é fosforilado por ATP e transfere o grupo fosfato para o domínio receptor. O receptor ativado inativa uma proteína cinase CTR1 no citosol. Isso leva à ativação da proteína E1 n2 para funcionar. E1 N2 ativa uma cascata de fatores transcricionais no núcleo, E1N, ERF1etc. Esses fatores transcricionais modulam a expressão gênica e, em última instância, a resposta do etileno ocorre.

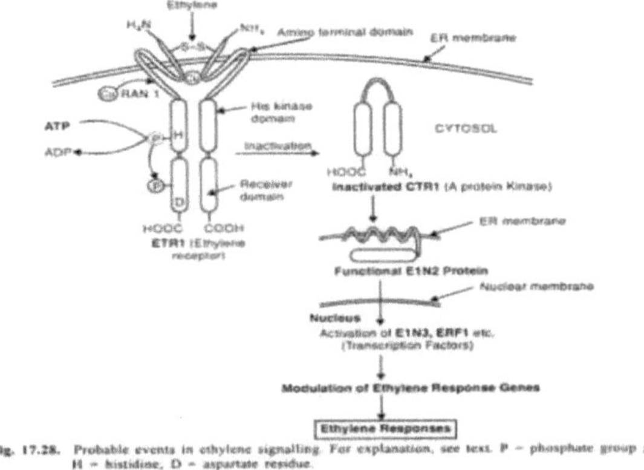

Fig. 17.28. Probable events in ethylene signalling. For explanation, see text. P = phosphate group ; H = histidine, D = aspartate residue.

Fig: 54 Mecanismo de Ação do Etileno

EFEITOS FISIOLÓGICOS DA ETILINA

1. Amadurecimento dos frutos

O etileno é também conhecido como hormônio de amadurecimento da fruta. A aplicação exógena de etileno resulta em climatologia respiratória e produção adicional de etileno e leva ao apressamento do processo de amadurecimento.

O limiar mínimo de concentração de etileno é essencial para o processo de amadurecimento. Quer a fruta seja climatérica ou não-climatérica, ou seja, responde ou não ao tratamento com etileno, é necessário um nível mínimo de etileno endógeno para o amadurecimento de todos os tipos de fruta.

2. Formação do gancho de Plumuar

Na dicotiledônea etiolada, a ponta plumular é dobrada como um gancho. Este gancho é vantajoso para as plântulas para penetração através do solo, protegendo o ponto de crescimento apical tenro de ser ferido. A formação do gancho plumular e sua manutenção em plântulas etioladas se deve à formação de etileno nessa região, que causa um crescimento assimétrico ou desigual nos dois lados da ponta plumular.

O etileno causa um alongamento mais rápido do lado externo da ponta plumular do que do seu lado interno. Quando a muda é exposta à luz branca, a formação de etileno diminui, e o lado interno do gancho também se alonga rapidamente equalizando o crescimento em 2 lados e o gancho se abre. Quando as plântulas etioladas são expostas à luz em presença de etileno, a plumular não se abre.

3. Resposta tripla

O etileno causa tripla resposta em plântulas etioladas.

1. Inibição se o alongamento da haste
2. Estimulação do inchaço radial da haste em relação à gravidade
3. Crescimento horizontal dos caules em relação à gravidade

4. Formação de raízes adventícias e pêlos radiculares

O etileno induz a formação de raízes adventícias em plantas de diferentes partes da planta, como folha, caule, etc. Inicia também o crescimento dos pêlos radiculares.

5. Inibição do crescimento das raízes

O etileno é conhecido por inibir o crescimento linear das plantas dicotiledóneas radiculares.

6. Epinastia das Folhas

Quando o lado superior da folha cresce mais rápido do que o inferior, a folha curva para baixo. Isto é chamado de epinastia, que causa a epinastia da folha. Maior concentração de auxina, condição de estresse como sais, extração de água e infecção por patógenos também induzem a epinastia foliar indiretamente através do aumento da formação de etileno.

7. Floração

O etileno é conhecido por inibir a floração nas plantas. O etileno é utilizado comercialmente para sincronizar a floração e o conjunto de frutos no abacaxi.

8. Expressão sexual

Em espécies monóicas o etileno promove fortemente a formação de flores femininas, suprimindo assim consideravelmente o número de flores masculinas.

9. Senescence

O etileno aumenta a senescência das folhas e flores nas plantas. Na senescência, a concentração de etileno endógeno aumenta com a diminuição da concentração de citocinina. O equilíbrio entre 2 phytohormones controla a senescência.

10. Abscisão de folhas

O etileno promove a abcisão das folhas. A concentração relativa de Auxin em dois lados da camada de abcisão tem influências regulatórias na produção de etileno que estimula a abcisão das folhas. Naquele momento de abcisão, a concentração de Auxin na região laminar diminui com o aumento simultâneo da produção de etileno. Isto também aumenta a sensibilidade das células da zona de abcisão ao etileno que agora sintetiza enzimas degradantes da parede celular como a celulose e as pectinases.

11. Quebrar a dormência das sementes e dos botões

O etileno é conhecido por quebrar a dormência e iniciar a germinação de sementes em cevada e outros cereais, em muitas plantas a dormência dos botões também pode ser quebrada pelo tratamento com etileno.

12. Crescimento celular

O etileno afecta o crescimento e a forma celular; quando o crescimento de rebentos atinge um obstáculo no subsolo, a produção de etileno aumenta muito, impedindo o alongamento celular e provocando o inchaço do caule. A haste mais espessa resultante pode exercer mais pressão contra o objecto impedindo o seu caminho até à superfície.

Se o rebento não alcançar a superfície e o estímulo de etileno se tornar prolongado, afeta a resposta geotrópica natural do caule, que é crescer em pé, permitindo que ele cresça em torno de um objeto. Estudos parecem indicar que o etileno afecta o diâmetro e a altura do caule: Quando os caules das árvores são submetidos ao vento, causando stress lateral, ocorre maior produção de etileno, resultando em troncos e ramos mais espessos e estudados.

13. Ação Bioquímica

A proteína nuclear etileno insensível 2 (EIN2) é regulada pela produção de etileno e, por sua vez, regula outros hormônios, incluindo ABA e hormônios do estresse. O etileno induz sua própria síntese, que é chamada de síntese 'autocatalítica' de etileno. A nível de moléculas, envolve a regulação da síntese de enzimas sintase ACC.

Capítulo 5

NUTRIÇÃO DAS PLANTAS

A absorção e utilização de minerais pela planta é chamada nutrição. Os elementos são chamados de essenciais para o crescimento e desenvolvimento das plantas. Existem dois critérios principais pelos quais um elemento pode ser considerado essencial ou não essencial para qualquer planta.

1. Um elemento é essencial se a planta não conseguir completar o seu ciclo de vida (ou seja, formar uma semente viável) na ausência desse elemento.

2. Um elemento é essencial se fizer parte de qualquer molécula de constituinte da planta que seja por si só essencial na planta.

Ex: proteínas N-in, Mg -in clorofila.

Um elemento é essencial se os sintomas de deficiência aparecem nas plantas quando estas são cultivadas sem adição do elemento à solução nutritiva.

Os elementos essenciais são divididos em 2 tipos, dependendo da sua necessidade.

1. **Macro nutriente**: (macro elemento / elemento principal): aqueles elementos que são necessários em grandes quantidades.

   Ex: C, H, O, O, N, P, S, K, Ca & Mg.

2. **Micro nutriente**: (micro elemento / elemento menor): oligoelemento que é necessário em pequenas quantidades.

   Ex: Fe, Mn, ZN, Cu, Ni, Cl, Mo.

FUNÇÕES DOS MINARAIS NAS PLANTAS

1. Constituintes do protoplasma e das paredes celulares

Elementos como C, H, & O, são necessários para a produção de carboidratos da célula, por isso são chamados de elementos de trabalho de armação. Elementos como S, P, & N são necessários na formação da proteína, por isso são chamados como elementos protoplasmáticos, porque as proteínas são constituintes importantes do protoplasma. O cálcio e o magnésio são importantes para a parede celular e a clorofila, respectivamente.

2. Influência sobre a pressão osmótica das células vegetais

A pressão osmótica das células da planta é mantida devido à presença de compostos orgânicos e sais minerais dissolvidos na seiva da célula.

3. Influência sobre a permeabilidade das membranas citoplasmáticas

A permeabilidade da membrana citoplasmática é influenciada pelos catiões e ânions do meio com o qual estão em contato. Enquanto alguns iões têm um efeito decrescente na permeabilidade, outros têm um efeito crescente.

4. Função catalítica

Muitos elementos como Fe, Cu, Zn, Mo, Mg, Mn, & Cl etc. são necessários para realizar reacções enzimáticas nas células, estes elementos podem fazer parte de um grupo protético de enzimas ou co-factores.

5. Função antoganística ou de equilíbrio

Alguns elementos como Ca, Mg, K etc contrabalançam os efeitos tóxicos de outros elementos minerais, mantendo o equilíbrio iónico.

C, H, O:

Estes não são minerais em origem. As fontes de carbono, oxigênio e nitrogênio são a atmosfera e a água. Estes são os nutrientes vegetais mais importantes necessários para a produção de carboidratos que entram no citoplasma. Por isso, eles são chamados de elementos de trabalho de armação.

MACRO NUTRIENTES

1. NITROGEN - (N)

A quantidade aproximada de nitrogênio presente em toda a planta é de 1 a 3%.

OCCURÊNCIA

A fonte de nitrogênio é o N atmosférico, presente sob a forma de gás. Nitrogênio presente no solo sob a forma de nitratos e sais amônicos. As plantas verdes não podem utilizar o 'N' atmosférico diretamente. Ele é fixado em nitrato e nitrogênio amônico por algumas bactérias e é absorvido pelas plantas. **FUNÇÕES**

- É importante constituinte de proteínas, ácidos nucléicos, alcalóides, coenzimas, etc.
- Tem um papel importante na síntese proteica fotossíntese, respiração, crescimento, reprodução e hereditariedade e em quase todas as reacções metabólicas.

Sintomas de carência

- Na ausência ou baixo suprimento de nitrogênio, os seguintes sintomas se desenvolvem.
- A carência de nitrogênio causa após a clorose das folhas.
- O ritmo respiratório é afectado.

- Em certas plantas como a folha do tomateiro, a veia fica roxa ou vermelha devido ao desenvolvimento do pigmento de anthrocyanin.
- Devido à redução das proteínas, o crescimento das plantas permanece atrofiado.
- A dormência prolongada e a senescência precoce aparecem.

2. FÓSFORO - (P)

A quantidade de fósforo presente em toda a planta é de 0,05-1,0%.

OCCURRÊNCIA

As plantas absorvem fósforo sob a forma de fosfatos solúveis.

FUNÇÃO

- É um componente dos ácidos nucléicos e proteínas, fosfolípidos, fosfatos de açúcar, ATP, NADP e uma série de compostos fosforados.
- Os fosfolípidos juntamente com as proteínas podem ser constituintes importantes das membranas celulares.
- Ela desempenha um papel fundamental no metabolismo energético.
- Incorporada no ATP, faz parte da "moeda universal da energia" de todos os tipos de células.
- Desempenha um papel importante na oxidação -redução e reacção de transferência de energia do metabolismo celular como a fotossíntese, respiração, metabolismo de gorduras, etc.
- Também actua como activador de algumas enzimas.

Sintomas de carência

- A deficiência de fósforo pode causar a queda prematura das folhas.
- Áreas necróticas mortas podem ser desenvolvidas em folhas ou frutos.
- As folhas ficam de cor verde-escuro a azul.
- A deficiência de fósforo causa pigmentação antociânica, amarelecimento e secagem das folhas inferiores.
- Root and shoot torna-se curto e esguio.
- Atrasa o florescimento.

3. SULPHUR-(S)

Está bem distribuído nas plantas. Está presente aproximadamente 0,05-1,5% em toda a planta.

OCCURRÊNCIA

O enxofre está disponível para as plantas sob a forma de sulfatos solúveis do solo. O enxofre orgânico é colocado à disposição da planta através da 'oxidação biológica'.

FUNÇÃO

- É constituinte importante de algum aminoácido (cisteína, cisteína e metionina) que com outros aminoácidos da proteína.
- As ligações de dissulfeto ajudam a estabilizar a estrutura proteica.
- É um constituinte da ferredoxina e de alguns lipídios encontrados no cloroplasto.
- Ela desempenha um papel como parte do centro ativo (grupo Sulfidrílico) de algumas enzimas e afeta vários processos metabólicos.
- É também constituinte de vitaminas, biotina, tiamina e co-enzima A.

Sintomas de carência

- A deficiência de enxofre provoca o amarelamento (clorose) das folhas. As folhas mais jovens são as primeiras a ser afectadas.
- Dicas e margens do rolo de folhas para dentro.
- O caule torna-se difícil devido ao desenvolvimento do esclerênquima.

4. CÁLCIO

0,1-3,5% do cálcio está presente em toda a planta.

OCCURRÊNCIA

O cálcio é disponibilizado para as plantas através da meteorização da anorthite no solo. Ocorre no solo com uma variedade de minerais. Outras formas de cálcio presentes no solo são o carbonato de cálcio e o fosfato de cálcio insolúvel.

FUNÇÃO

- É um importante constituinte da lamela média na parede celular, sob a forma de espectáculo de cálcio.
- É essencial na formação das membranas celulares.
- Ele controla a permeabilidade celular.
- Actua como segundo mensageiro na regulação metabólica.
- Ajuda a estabilizar a estrutura dos cromossomas.
- É responsável por reduzir a toxicidade através da formação de sais de cálcio de ácidos orgânicos.
- É um potente ativador de muitas enzimas como a fosfolipase, adenosina trifosfatose amilase, etc.

Sintomas de carência

- A deficiência de cálcio causa a distribuição das regiões de carrapatos de meristema em crescimento da raiz, do caule e das folhas.
- A clorose ocorre ao longo das margens das folhas mais jovens.
- Provoca a decomposição da epiderme da raiz e lentamente as raízes laterais morrem.
- As folhas mais novas ficam permanentemente murchas".

3. MAGNÉSIO - (Mg)

0,05-0,7% de magnésio está presente em toda a planta.

OCCURRÊNCIA

O magnésio é fixado em minerais como a magnetite, a dolomite e a olivina. Na natureza está presente sob a forma de silicato de magnésio.

FUNÇÃO

- É um constituinte muito importante das clorofilas.
- Atua como ativador de muitas enzimas em reações de transferência de fosfato, particularmente no metabolismo de carboidratos e na síntese de ácidos nucléicos.
- Ele desempenha um papel importante na ligação de partículas ribossômicas durante a síntese de proteínas.
- É essencial para a síntese da gordura e do metabolismo dos hidratos de carbono.

Sintomas de carência

- A deficiência de magnésio causa clorose interveinal das folhas, resultando em desfoliação.
- Manchas necróticas mortas aparecem nas folhas.
- O amarelecimento das folhas começa a partir das bases para as mais jovens.
- As pontas e margens das folhas viram para cima.
- O talo torna-se esguio.

5. POTÁSSIO - (K)

A quantidade de potássio presente em toda a planta é de 0,3-6,0%.

OCCURRÊNCIA

O potássio é colocado à disposição das plantas através do murchamento de minerais como a moscovite biótica e a illite.

FUNÇÃO

- É essencial para o processo de respiração e fotossíntese.
- É um activador essencial de várias enzimas.
- É um grande contribuinte para o potencial osmótico das células vegetais.

- Serve para equilibrar a carga de íons difusíveis e não difusíveis.
- Desempenha um papel importante nos movimentos do estômago.

Sintomas de carência

- Ocorre a clorose mosqueada das folhas.
- As áreas necróticas desenvolvem-se na ponta e margens da folha que se curvam para baixo.
- O crescimento das plantas permanece atrofiado com o encurtamento acentuado dos internódios.
- A deficiência de potássio nos cereais desenvolve um talo fraco e estas plantas dobram-se facilmente ao solo pelo vento ou pela chuva.

MICRO NUTRIENTES

FERRO - (Fe)

O ferro presente em toda a planta é 10-1500ppm (mg/L).

OCCURRÊNCIA

O ferro é absorvido em forma ferrosa, alguns íons férricos também podem ser absorvidos pelas plantas. Ele está facilmente disponível para as plantas em solo ácido.

FUNÇÃO

- É um importante constituinte das proteínas da porfirina de ferro como as citocromas peroxidases, catálases, etc.
- É essencial ou a síntese da clorofila.
- É um componente muito importante da ferredoxina que desempenha um papel importante na fixação biológica de nitrogénio e na reacção fotoquímica primária na fotossíntese.
- Desempenha um papel importante no sistema de transporte de electrões na fotossíntese e respiração e ajuda na geração de energia.
- É componente da oxidação biológica ativa das flavoproteínas.

Sintomas de carência

- A deficiência de ferro causa uma clorose rápida das folhas, que normalmente é intervencionada. As folhas mais jovens são afetadas primeiro.
- Habita a formação cloroplástica.
- Os caules tornam-se curtos e esguios.

2. MANGANÊS - (Mn)

O Manganês presente em toda a planta é de 5-5000ppm (mg/L).

OCCURRÊNCIA

É encontrado no solo como tetra Valent e óxidos trivalentes pouco aerados solos ácidos favorecem a disponibilidade de manganês. Não está disponível acima do pH do solo de 6,5.

FUNÇÃO

- O manganês é um ativador de muitas enzimas respiratórias como a desidrogenase málica e a desidrogenase oxalosuccínica, etc.
- É necessário para a evolução do oxigênio durante a fotossíntese.
- Também está envolvida na síntese da clorofila.
- É essencial na oxidação do axônio.

Sintomas de carência

- A deficiência de Manganês causa manchas cloróticas e necróticas na área intervencionada da folha.
- O sistema radicular está muitas vezes pouco desenvolvido.
- A formação do grão também é reduzida.
- Os tecidos gravemente afectados ficam castanhos.

3. COPPER - (Cu)

O cobre presente em toda a planta é de 2,75ppm (mg/L). É tóxico quando presente em grande quantidade.

OCCURRÊNCIA

A maior parte do cobre é encontrada como depósito natural de sulfureto de cobre chamado calcopirita.

FUNÇÃO

- É constituinte de várias enzimas oxidantes como a Polifenol-lactase oxidase e a Oxidase.
- O cobre é um componente da plastocianina e por isso actua como um papel fundamental na cadeia de transporte de electrões na fotossíntese.

Sintomas de carência

- A deficiência de cobre provoca a necrose da ponta das folhas jovens.
- Também provoca o dieback de cítricos, outras árvores frutíferas e doenças de recuperação de cereais e plantas leguminosas.

4. ZINC - (Zn)

O zinco presente em toda a planta é de 3-350ppm (mg/L).

OCCURRÊNCIA

É encontrado em solos em quantidades muito pequenas. O zinco ocorre na natureza sob a forma de minerais como o Ferro magnésio, magnata, biolita e hornblende.

O murchamento destes minerais liberta uma forma divalente de zinco que é absorvido no solo e na matéria orgânica de forma permutável. A disponibilidade do zinco para as plantas diminui com o aumento do Ph.

Função

- Ela está envolvida na biossíntese da hormona de crescimento auxina.
- Actua como activador de muitas enzimas como a anidrase carbónica, a álcool desidrogenase.

Sintomas de carência

- A deficiência de zinco provoca a clorose das folhas mais velhas que parte das pontas e das margens.
- Provoca a doença das folhas de maçã cítrica, nozes e outras árvores frutíferas.
- Supressão da formação de sementes.
- Provoca o encurtamento dos internódios com o resultado de as plantas ficarem atrofiadas.

5. BORON- (B)

O boro presente na planta é de 275ppm (mg/L).

OCCURRÊNCIA

O boro é abundante em rochas e sedimentos marinhos. Em geral, existe em três formas, permutável, solúvel e não permutável, ou seja, ácido bórico, borato de cálcio ou de manganês e como constituinte de silicatos. O boro é absorvido pelas plantas I sob a forma de borato ou tetraborato.

FUNÇÃO

- O boro facilita a translocação de açúcares nas plantas.
- Regula o metabolismo de carboidratos, especialmente a derivação de fosfato pentose.
- Regula a diferenciação e o desenvolvimento celular.
- Ela regula muitos fenômenos de crescimento como a regeneração, a frutificação e a divisão celular.

Sintoma de carência

- As folhas tornam-se acobreadas em textura.
- A deficiência de boro causa a morte da ponta de tiro.
- O crescimento das raízes é atrofiado.
- A formação de flores é suprimida.
- Os frutos, quando afectados, são severamente deformados e inúteis.
- O tronco apresenta sintomas de deficiência, como o ápice de dieback, perfilhamento anormal e aparecimento de várias formas de deformidades, tais como o frisado e lesões quebradiças.

6) MOLIBDENO - (Mo)

É exigido pelas plantas em quantidade muito ínfima.

OCCURRÊNCIA

Está amplamente distribuído no solo. Está disponível para as plantas em pH mais elevado.

FUNÇÃO

- Está associado ao grupo protético de enzimas nitrato redutase e nitrogenase e, portanto, desempenha um papel importante no metabolismo do nitrogênio.

Sintoma de carência

- Provoca a mancha clorótica interveinal das folhas mais velhas.
- A formação de flores é inibida.
- Provoca a doença da cauda do chicote em couve-flor.

5) CLORO - (Cl)

O cloro presente nas plantas é de 100-300ppm (mg/L).

OCCURRÊNCIA

Ocorre em solos como cloretos. Move-se livremente no solo e está facilmente disponível para as plantas.

FUNÇÃO

- Sob a forma de iões cloreto está envolvido na fotólise da evolução da água e do oxigénio na fotossíntese.
- É necessário para a divisão celular em folhas e raízes.
- É um importante solúvel osmoticamente ativo.

Sintoma de carência

- Ocorre o murchamento das pontas das folhas que é seguido por clorose e necrose geral.
- As folhas mostram um crescimento reduzido e por fim ocorre o bronzeamento (cor

bronze).

- As raízes ficam atrofiadas em comprimento, mas engrossadas perto das pontas.

6) NICKEL - (Ni)

FUNÇÃO

- É co-factor da urease enzimática em plantas superiores.

Sintomas de carência

- Devido à acumulação de ureia nas folhas, ocorre necrose das pontas das folhas.

7) SÓDIO - (Na)

FUNÇÃO

- Pode estar relacionado com o transporte de piruvato um intermediário em C4-caminho entre a bainha do feixe e a célula mesofila.
- Estimula o crescimento através de uma expansão celular melhorada.
- Substituir parcialmente o K+ como soluto osmoticamente activo.

Sintomas de carência

- As plantas mostram um crescimento reduzido.
- Ocorrem clorose e necrose das folhas.
- As plantas podem não formar flores.

10) SILICON - (Si)

Ocorre em solos normais em abundância como SiO2, e também como contaminante em recipientes de vidro, sais nutrientes e poeira atmosférica.

FUNÇÃO

- É essencial para as paredes celulares da erva de diatomáceas e algumas outras plantas superiores.
- Pode superar a toxicidade de muitos metais pesados.

SINTOMAS DE DEFICIÊNCIA

- A deficiência de silício provoca infecção fúngica.

FITÓCROMAS

O pigmento responsável pela foto -indução é chamado de fitocromo. É uma proteína na natureza. Ele induz ou inibe a floração em plantas de dias curtos (SDP) e estimula a floração em plantas de dias longos (LDP).

Foi descoberto por "Hendrick". O fitocrómio actua como molécula fotorreceptora pela luz de absorção e mostra o seu efeito em vários processos de desenvolvimento e morfogenéticos.

Sai em 2 formas

1) A sua forma inactiva é o fitocromo red-pr.

2) A forma activa é o fitocromo vermelho-pfr.

Ambas as formas são interconvertíveis:

Quando a forma pr de pigmento absorve a luz vermelha (660-665nm), ela é convertida em forma de pfr.

Quando pfr forma de pigmento absorve a luz vermelha (730-735nm), ele é convertido em forma de pr.

A forma do pigmento muda para a forma de pr na escuridão.

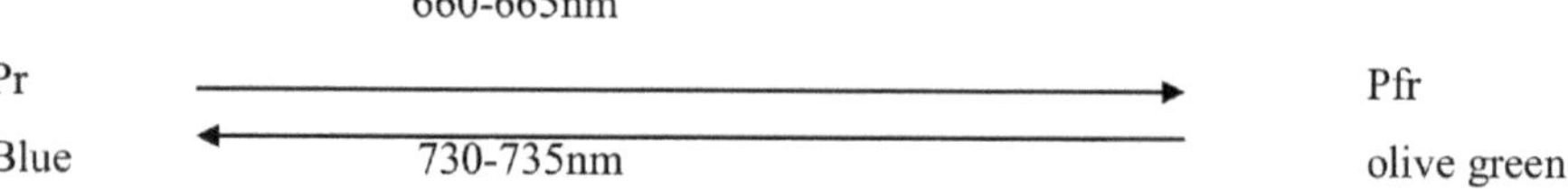

A conversão de pfr para pr está sob controle térmico e o processo é mais lento. Ela pode ser acelerada por ditionite redutora, indicando que a interligação pr-pfr não ocorre diretamente, mas envolve muitas espécies intermediárias de fitocromo chamadas Ia, Ib e assim por diante.

OCCURRÊNCIA

O fitocromo é encontrado em algas verdes e vermelhas, desmoídas, bryophytes, gimnospermas e angiospermas. Foi detectado a partir de raízes, caules, coleópteros, hipocópteros, pecíolos e lâminas de folhas, plantas vegetativas.

As plântulas de etiologia castanha escura são a fonte mais rica de fitocromo. Dentro das células, o fitocrómio existe no núcleo e em todo o citosol.

NATUREZA FÍSICO-QUÍMICA

- Quimicamente é composto por uma proteína e a proteína de crisóforo é composta por unidades estruturais chamadas aminoácidos que formam uma cadeia de polipeptídeos através de ligações de peptídeos.

- Fitocromos de 2 tamanhos diferentes, menores e maiores, com diferentes pesos moleculares, foram isolados e identificados até agora.

- O fitocromo de tamanho pequeno processa um peso molecular de cerca de 60kda, e acredita-se que seja produzido pela degradação do fitocromo de tamanho grande.

A conversão de pfr para pr está sob controle térmico e o processo é mais lento. Ela pode ser acelerada por ditionite redutora, indicando que a interligação pr-pfr não ocorre diretamente, mas envolve muitas espécies intermediárias de fitocromo chamadas Ia, Ib e assim por diante.

- O fitocromo natural de grandes dimensões é mais escuro. Cada unidade monomérica tem um peso molecular de cerca de 120kda. As duas unidades monoméricas idênticas são constituídas por uma proteína globular e um cromóforo. Assim, o fitocromo contém 2 unidades de monômeros de proteínas globulares e 2 cromóforos. Devido à presença deste cromóforo, o fitocromo parece azulado.

Monômeros proteicos globulares

Cada monómero de proteína contém 3 ligações S-S no seu interior que não estão envolvidas na coesão de duas unidades proteicas de monómeros idênticos. Cada unidade é composta por 1100 aminoácidos cerca de 46% de aminoácidos incluindo lis, seus, arg, aspr, ser, glu e gln.

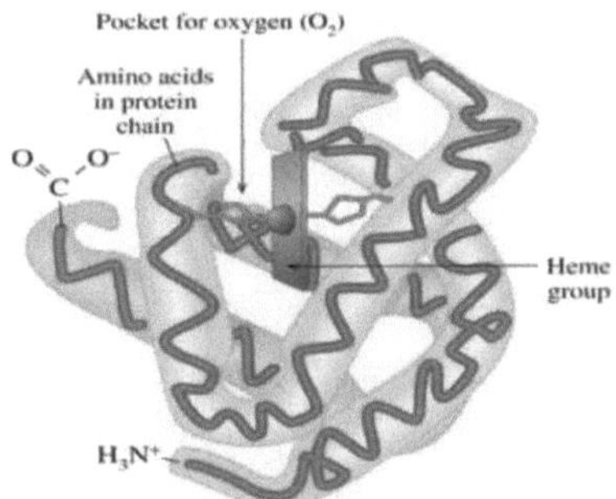

Fig: 55 Monômeros Proteicos Globulares

Tipos de fitocromos

Existem 2 tipos principais de fitocromos nas plantas. Tipo I e tipo II. O Tipo I é codificado por PHY Agene, enquanto que o Tipo II é codificado pelos genes PHYB, PHYC, PHYD, PHYE.

Cromóforo

É proposto que cada unidade monomérica de fitocromo contenha um cromóforo. Cada cromóforo permanece ligado ao monômero protéico através do resíduo de cisteína.

A estrutura básica do cromóforo é semelhante à da fitocianobilina, por isso é chamada de fitocianobilina. Contém tetrapirrol aberto, ou seja, os quatro anéis de pirólito dispostos em fila linear.

Estes anéis possuem muitas ligações duplas, que se rearranjam como resultado da absorção da luz vermelha distante. Assim, durante a conversão entre a forma [pr] e a forma vermelha distante [pfr], a redistribuição ou deslocamento das ligações duplas ocorre nos anéis de pirólise do cromóforo.

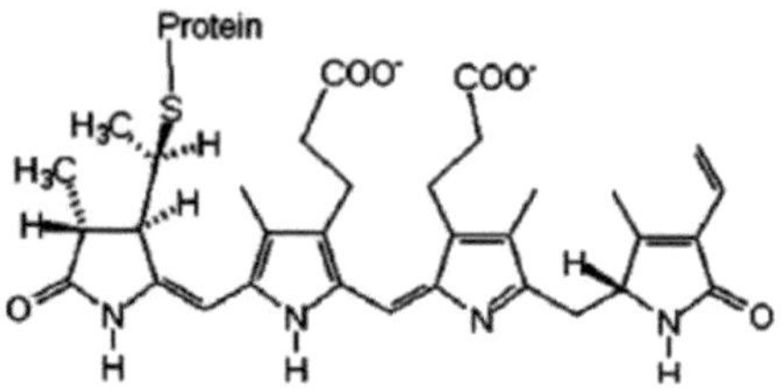

Fig: 56 Cromóforo

FUNÇÃO

* Durante o dia a forma de fitocromo é acumulada nas plantas causando inibição da floração em plantas de dia curto e estimulação em LDP. Durante o período escuro no SDP, a forma pfr muda gradualmente para a forma pr, resultando na floração.

* A forma pr é novamente convertida em forma pfr na presença de breve exposição à luz vermelha; os efeitos inibidores resultantes da luz vermelha durante o período escuro podem ser revertidos expondo a planta com luz vermelha distante que causa a conversão da forma pfr na forma ti pr.

* No PDL, o prolongamento do período crítico de luz ou a interrupção do período escuro pela luz vermelha em plantas de dia longo resultará no acúmulo da forma de pigmento, estimulando assim a floração no PDL.

* O mecanismo exato de ação do fitocromo não é muito claro. Eles podem agir através do seguinte: controlando a ação do transporte de íons e moléculas através das membranas, provavelmente regulando a atividade do ATP ase. Controlando a atividade de hormônios ligados à membrana, como as gibelinas. Modulando a atividade das proteínas ligadas à membrana. Regulação da transcrição de genes que envolvem múltiplas vias de transdução de sinal.

* O Fitocromo A é responsável pela indução do processo fotomorfogênico, resultando na formação de folhas verdes. A forma ativa do pfr tem meia vida útil de 30-60 min. é degradada irreversivelmente pela proteólise após reagir com a ubiquitina, uma pequena proteína altamente conservada, presente em todas as células eucarióticas. A ubiquitina liga-se num modo dependente de ATP à proteína, tornando-as assim para a degradação proteolítica. A ligação à ubiquitina termina a função do sinal do pfr. Em comparação com o fitocromo A,B-E têm um tempo de vida mais longo, e estão

principalmente envolvidos na adaptação à luz das células que já estão verdes.

ISOLAMENTO DOS FITOCROMOS

SEED

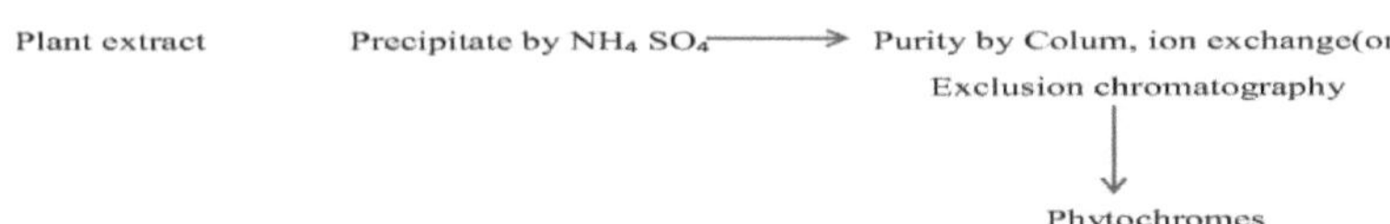

Como qualquer semente "típica", ela tem três partes fundamentais:

Uma casca de semente, uma área de armazenamento (neste caso, o endosperma) e um embrião adormecido. A casca da semente é realmente uma casca de fruta. Em todos os grãos, a casca da semente (antigo tegumento do óvulo) é fundida ao ovário (a verdadeira parede do fruto). Assim, na realidade, o grão é tecnicamente um fruto (cariopse), mesmo que muitas vezes lhe chamemos uma semente. O estudo da semente mostrou que a casca da semente/do fruto é resistente à água e, portanto, reduz a taxa de absorção de água pela semente, e a absorção de água é essencial para a germinação da semente e para a melhoria da produção de açúcar.

GERMINAÇÃO DA SEMENTE

Diz-se que a germinação da semente ocorreu quando o crescimento do radícula rebenta a casca da semente e se projeta como uma raiz jovem. A energia para a germinação da semente provavelmente provém da respiração do açúcar no endosperma.

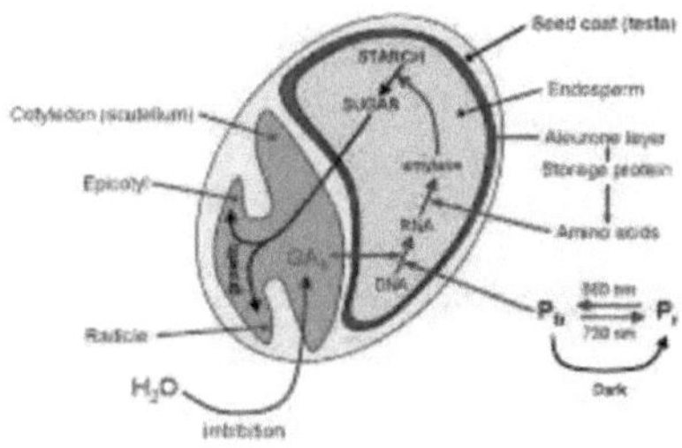

Fig: 57 Germinação de sementes

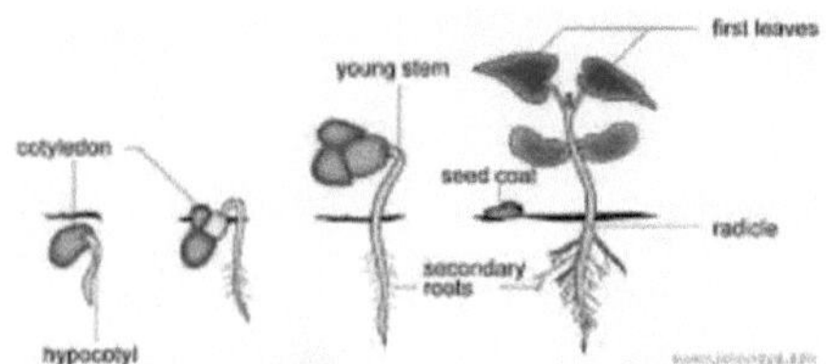

Fig: 58 Germinação de sementes

O embrião de cevada tem três partes

- O cotilédone (ou folha de semente). Como só existe uma, a cevada é uma monocotiledônea.
- Os epicópteros (torna-se a filmagem).
- O Radículo (torna-se a raiz).

O endosperma da semente tem duas partes. A maior parte do volume é uma área de armazenamento de amido. A camada de cobertura é chamada de camada de aleurona. A ateurona é feita de células que armazenam proteínas em abundância.

O primeiro passo na germinação da semente de cevada são as imbibições. Neste processo, a água penetra na casca da semente e começa a amolecer os tecidos duros e secos no seu interior. A captação de água faz com que o grão incha. A casca da semente / fruto geralmente se abre, permitindo que a água entre ainda mais rápido. A água começa a ativar a bioquímica do embrião adormecido.

A água que entra na semente e no embrião dissolve um produto químico feito dentro do embrião. Este químico é chamado de Ácido Giberélico (GA). É um hormônio vegetal, não muito diferente dos esteróides. A GA dissolvida é transportada com a água através do resto dos tecidos da semente até chegar à camada de aleurona. O ácido giberélico, que é transportado pela água, chega à camada de aleurona. A GA atravessa o citoplasma das células da aleurona e ativa certos genes no DNA nuclear.

O DNA é, naturalmente, as moléculas hereditárias e contém as instruções para fazer todas as proteínas necessárias para a sobrevivência de uma planta de cevada. O mecanismo preciso de como o GA se liga ao ADN é desconhecido no momento. É claro, no entanto, que o modo de acção é ligar apenas certos genes no ADN. Os genes que são ativados são transcritos. A informação arquivada no DNA é preciosa, então as células aleuronas fazem uma cópia descartável do RNA do gene que está ligado. Esta cópia descartável da informação, uma espécie de planta, é frequentemente chamada de RNA do mensageiro. O processo de fazer esta cópia do RNA é chamado de transcrição. O RNA que foi feito no processo de transcrição é transportado para o citoplasma das células da aleurona.

No citoplasma, o RNA mensageiro junta-se a um ribossomo para iniciar o processo de fabricação de uma proteína. Este processo é muitas vezes chamado de síntese ou tradução de proteínas. Neste processo, o ribossomo examina a informação contida na sequência de base no RNA. RNAs transferidos carregados com aminoácidos particulares são movidos para a posição especificada pela instrução no RNA mensageiro, e os aminoácidos são unidos em uma seqüência apropriada pelo ribossomo. A seqüência de aminoácidos determina as propriedades da proteína começa montada.

Neste caso, a proteína crítica feita com a formação realizada no RNA é a amilase. Esta proteína revela-se como uma enzima de grande importância. A amilase é secretada (transportada para fora) das células da aleurona para o endosperma. A amilase não é apenas uma proteína qualquer. Acontece que são enzimas.

Ele catalisa (acelera) uma reação química particular. Especificamente, a amilase acelera a hidrólise do amido em suas unidades componentes de açúcar; o açúcar liberado é transportado do endosperma para o embrião. O cotilédone é uma grande área de transferência de açúcar em grãos. A absorção ativa de açúcar é sua função especializada. O açúcar é transportado para o embrião e utilizado como combustível e bloco de construção para o crescimento do próprio embrião.

O crescimento embrionário resultante incluirá o surgimento do radícula a partir da casca da semente/fruto. A germinação é assim completa.

DORMANCY

A dormência é um processo fisiológico no qual o crescimento é temporariamente suspenso. é uma fase de repouso ou dormência. é encontrada em botões e sementes .

DORMANCIA DA SEMENTES

Quando a germinação está temporariamente suspensa numa semente, chama-se dormência da semente. A dormência é uma adaptação à condição não favorável. Quando a condição favorável é retomada, a atividade normal começa e os botões ou sementes começam a germinar.

A dormência das sementes é uma condição das sementes de plantas que impede a germinação em condições ambientais ideais. As sementes vivas não dormentes germinam quando a temperatura do solo e as condições de umidade são adequadas para processos celulares e divisão; as sementes dormentes não germinam. Uma função importante da maioria das sementes é a germinação retardada, o que dá tempo para a dispersão e impede a germinação de todas as sementes ao mesmo tempo.

O cambaleio da germinação salvaguarda algumas sementes e plântulas de sofrer danos ou morte por curtos períodos de mau tempo ou por herbívoros transitórios; também permite que algumas sementes germinem quando a competição de outras plantas por luz e água pode ser menos intensa outra de sementes atrasadas germinar é a semente quiescência, que é diferente da dormência das sementes verdadeiras e ocorre quando uma semente não germina porque as condições ambientais externas são demasiado secas ou quentes ou frias para germinar.

Muitas espécies de plantas têm sementes que atrasam a germinação por muitos meses ou anos, e algumas sementes podem permanecer no banco de sementes do solo por mais de 50 anos antes da germinação. algumas sementes têm um período de viabilidade muito longo, e a semente germinativa mais antiga documentada tinha quase 2000 anos de idade com base na datação por radiocarbono.

CAUSAS DE DORMÊNCIA DE SEMENTES

A dormência das sementes pode ser devida a um único fator ou a uma combinação de muitos fatores diferentes. Eles são os seguintes.

1. IMPERMEABILIDADE À ÁGUA

As camadas das sementes de muitas espécies vegetais são completamente impermeáveis à água. têm casca dura ou revestimento ceroso. esta condição é muito comum nas sementes pertencentes às famílias leguminosae, malvaceae, convolvulaceae, solanaceae etc. aqui a germinação falha até que a camada impermeável das sementes se decomponha pela acção dos microrganismos do solo.

2. IMPERMEABILIDADE AO GÁS

As camadas das sementes de certas sementes são impermeáveis a gases como o oxigénio e o CO_2. Uma vez que o O2 é necessário para a actividade respiratória precoce nas sementes em germinação, as sementes não germinam.

3. REVESTIMENTOS DE SEMENTES MECANICAMENTE RESISTENTES

A semente de algumas ervas daninhas comuns tem uma capa de semente tão dura e resistente que impede qualquer expansão apreciável do embrião, permanecendo assim adormecida.

4. IMATURIDADE DO EMBRIÃO

A dormência das sementes pode ser devida a embriões imaturos e rudimentares. Nessas sementes, o embrião não se desenvolve tão raivosamente como os tecidos circundantes.

5. DORMÊNCIA NECESSÁRIA APÓS O AMADURECIMENTO EM ARMAZENAGEM A SECO

Em muitas plantas [cevada, trigo aveia] as sementes, embora contendo embriões totalmente desenvolvidos, estão adormecidas quando são colhidas. Elas não requerem nenhum tratamento especial para superar essa dormência, germinam se mantidas sob condições de armazenamento seco à temperatura normal. Devido a certas mudanças fisiológicas no embrião, as sementes desenvolvem a capacidade de germinar, que é chamada de após o amadurecimento.

6. INIBIDORES DA GERMINAÇÃO

A dormência de sementes é causada em algumas plantas pela presença de certos inibidores de germinação em testagem, endosperma e embrião ou em suco ou polpa de frutos. EX; ácido abscísico, ácido ferúlico, ftalatos cumarínicos, ácido acético desidra, etc.

7. BAIXA TEMPERATURA NECESSÁRIA

Em certas plantas, maçã, rosa, pêssego, as sementes estão adormecidas no outono porque precisam da baixa temperatura para a germinação, por isso estão em estado doramante no inverno e germinam na primavera.

8. LUZ

Certas sementes são sensíveis à luz. as sementes sensíveis à luz são chamadas fotoblásticas. certas sementes germinam após a exposição à luz, chamadas positivamente fotoblásticas. EX; alface, tabaco, tomate. Certas sementes permanecem adormecidas após a exposição à luz. Estas são chamadas de fotoblásticas negativas. Ex: Hellebourus niger.

DORMÊNCIA SECUNDÁRIA DAS SEMENTES

Por vezes as sementes capazes de germinar imediatamente após a colheita tornam-se adormecidas, se mantidas num ambiente em que pelo menos um dos factores essenciais para a germinação é desfavorável. Esta dormência induzida é a 2ª dormência das sementes.

QUEBRA DA DORMÊNCIA DAS SEMENTES

O retorno à atividade normal da semente dormente por métodos artificiais é chamado de quebra de dormência da semente.

1. ESCARIFICAÇÃO

O processo de rompimento ou enfraquecimento das camadas da semente por meios mecânicos ou outros é chamado de escarificação. Pode ser feito mecanicamente, batendo as sementes por máquinas ou por mãos ou quimicamente, tratando-as com ácidos minerais fortes, e tornando as sementes permeáveis. O papel de areia pode ser utilizado eficazmente para este fim.

2. PRESSÕES

A germinação das sementes pode ser melhorada em 50-200% se as sementes forem submetidas a uma pressão hidráulica de 2000atm a 18* durante cerca de 5-20mts. Este efeito da pressão sobre os resultados da germinação devido a mudanças na permeabilidade do teste quanto à água.

3. TRATAMENTO DAS ÁGUAS

Geralmente as sementes serão embebidas em água quente durante alguns segundos e depois embebidas durante 24-28hrs em água fria, o que fará com que as sementes fiquem amolecidas e lavadas dos inibidores.

4. TRATAMENTO DE ACIDENTE

A imersão das sementes durante alguns minutos (5-6min) em ácido sulfúrico concentrado ou ácido clorídrico modifica o cervo, a cobertura de sementes impermeáveis, no final do período de tratamento, as sementes ou lavadas cuidadosamente com água.

5. ESTRATIFICAÇÃO DE SEMENTES

A prática do resfriamento das sementes é adaptada para quebrar a dormência porque algumas das substâncias inibitórias podem ser destruídas por tratamento a frio ou a quente. A estratificação pode ser feita por camadas de sementes alternando com camadas de areia turfosa ou algum outro material adequado.isto irá manter as sementes a baixa temperatura.

6. LUZ

A dormência das sementes fotoblásticas positivas pode ser quebrada expondo-as à luz vermelha ou à luz branca. Dentro de limites a resposta germinativa depende da quantidade de luz recebida. A promoção da germinação pela luz vermelha e a inibição pela luz vermelha distante provavelmente envolve a operação de um pigmento chamado fitocromo.

7. COMPOSTOS DE ESTIMULAÇÃO DA GERMINAÇÃO

A dormência causada por inibidores pode ser removida com o uso de alguns compostos estimulantes. São ácido giberélico, cinetina, auxina, nitratos, tioureia, etileno, etc.

4 Tipo de dormência das sementes

1. **Dormência exógena**

   1.1 Dormência física

   1. 2 dormência mecânica

   1. 3 Dormência química

2. **Dormência endógena**

   2.1 dormência fisiológica

   2. 2 dormência morfológica

   2. Dormência 3combinada

3. **Dormência Combinacional**

4. **Dormência secundária**

1. DORMÊNCIA EXÓGENA

A dormência exógena é causada por condições fora do embrião e é frequentemente dividida em três subgrupos.

DORMÊNCIA FÍSICA

O que ocorre quando as sementes são impermeáveis à água ou à troca de gases. As leguminosas são exemplos típicos de sementes fisicamente adormecidas; têm baixo teor de umidade e são impedidas de absorver água pela casca da semente. A lascagem ou rachadura da casca da semente ou qualquer outra cobertura permite a entrada de água. A impermeabilidade é frequentemente causada por uma camada celular externa que é composta de células macroscleróides ou a camada externa é composta de uma camada celular mucilaginosa. A terceira causa da impermeabilidade da casca da semente é um endocarpo endurecido. A camada da semente que é impermeável à água e aos gases durante os últimos estágios de desenvolvimento da semente.

DORMÊNCIA MECÂNICA

A dormência mecânica ocorre quando o revestimento da semente ou outras coberturas são difíceis de permitir que o embrião se expanda durante a germinação. no passado, este mecanismo de dormência era atribuído a uma série de espécies que se verificou terem fatores endógenos para sua dormência.

Estes factos endógenos incluem a dormência fisiológica em caso de potencial de crescimento embrionário.

DORMÊNCIA QUÍMICA

Inclui reguladores de crescimento, etc. , que estão presentes nas coberturas ao redor do embrião . eles podem ser lixiviados dos tecidos por lavagem ou imersão da semente , ou desativados por outros meios químicos que impedem a germinação são lavados das sementes por água da chuva ou derretimento da neve .

2. DORMÊNCIA ENDÓGENA

A dormência endógena é causada por condições dentro do próprio embrião, e também é frequentemente dividida em três subgrupos; dormência fisiológica, dormência morfológica e dormência combinada, cada um destes grupos também pode ter subgrupos.

DORMÊNCIA FISIOLÓGICA

A dormência fisiológica impede o crescimento do embrião e a germinação da semente até que ocorram mudanças químicas. estes químicos incluem inibidores que muitas vezes retardam o crescimento do embrião a ponto de não ser suficientemente forte para quebrar a casca da semente ou outros tecidos A dormência fisiológica é indicada quando ocorre um aumento na taxa de germinação após uma aplicação de ácido giberélico (GA3)ou após a secagem após o amadurecimento ou armazenagem a seco.

Também é indicado quando embriões de sementes dormentes são excisados e produzem plântulas saudáveis; ou quando até 3 meses de estratificação a frio (0-10'c) ou a quente (=15'c) aumenta a germinação; ou quando a seca após _amadurecimento encurta o período de estratificação a frio necessário.

Em algumas sementes, a dormência fisiológica é indicada quando a escarificação aumenta a germinação. A dormência fisiológica é quebrada quando os produtos químicos inibidores são quebrados ou não são mais produzidos pela semente; muitas vezes por um período de umidade fria , normalmente abaixo de (+4C) 39F , ou no caso de muitas espécies em ranunculaceae e algumas outras , (-5C) 24F .

O ácido abscísico é geralmente o inibidor de crescimento nas sementes e a sua produção pode ser afectada pela luz. Algumas plantas como as espécies de peónia têm múltiplos tipos de dormência fisiológica, uma afecta o crescimento radicular (raiz) enquanto a outra afecta o crescimento de plúmulos (rebentos). As sementes com dormência fisiológica na maioria das vezes não germinam mesmo após a casca da semente ou outras estruturas que interferem com o crescimento embrionário serem removidas. As condições que afectam a dormência fisiológica das **sementes incluem;**

Secagem; algumas plantas, incluindo algumas gramíneas e as de regiões sazonalmente áridas, precisam de um período de secagem antes de germinarem as sementes, mas precisam de ter um teor mais baixo de humidade antes de a germinação poder começar. Se as sementes permanecerem úmidas após a dispersão, a germinação pode ser atrasada por muitos meses ou mesmo anos. Muitas plantas herbáceas de zonas de clima temperado têm dormência fisiológica que aparece com a secagem das sementes, outras espécies germinarão após a dispersão apenas sob faixas de temperatura muito estreitas, mas à medida que as sementes secam são capazes de germinar sobre uma faixa de temperatura mais ampla.

A fotodormação ou sensibilidade à luz afecta a germinação de algumas sementes. Estas sementes fotoblásticas precisam de um período de escuridão ou luz para germinarem. Em espécies com camadas finas de sementes, a luz pode ser capaz de penetrar no embrião adormecido. A presença de luz ou ausência de luz pode desencadear o processo de germinação, inibindo a germinação em algumas sementes enterradas demasiado profundamente ou em outras não enterradas no solo.

A termodormação é a sensibilidade da semente ao calor ou ao frio. Algumas sementes, incluindo o lebur de galo e o amaranto, germinam apenas a altas temperaturas (30C ou 86F) muitas plantas que têm sementes que germinam no início do verão e que germinam apenas quando a temperatura do solo é quente. Outras sementes precisam de solos frescos para germinarem, enquanto outras como o aipo são inibidas quando a temperatura do solo é demasiado quente. Muitas vezes os requisitos de termodormação desaparecem à medida que a semente envelhece ou seca.

As sementes são classificadas como tendo uma dormência fisiológica profunda nestas condições; a aplicação do GA3 não aumenta a germinação ;ou quando os embriões excisados produzem plântulas anormais; ou quando as sementes requerem mais de 3 meses de estratificação a frio para germinarem.

DORMÊNCIA MORFOLÓGICA

Embrião subdesenvolvido ou indiferenciado. Algumas sementes têm embriões totalmente diferenciados que precisam crescer mais antes da germinação da semente, ou os embriões não são diferenciados em tecidos diferentes no momento do amadurecimento do fruto.

Embriões imaturos algumas plantas liberam suas sementes antes que os tecidos dos embriões tenham sido totalmente diferenciados, e as sementes amadurecem depois de receberem água enquanto estão no solo , a germinação pode ser retardada de algumas ervas daninhas para alguns meses.

DORMÊNCIA COMBINADA

As sementes têm ambas dormência morfológica fisiológica Morfofisiológica ou dormência morfofisiológica ocorre quando as sementes com embrião subdesenvolvido, também têm componentes fisiológicos para a dormência. Estas sementes, portanto, requerem tratamentos de quebra de dormência, bem como um período de tempo para desenvolver embriões plenamente desenvolvidos.

Intermediário simples

Profundamente simples

Epicótilo simples profundo

Duplo simples profundo

Complexo Intermediário

Complexo profundo

3. DORMÊNCIA COMBINADA

A dormência combinada ocorre em algumas sementes . onde a dormência é causada tanto por condições exógenas (físicas) quanto endógenas (fisiológicas) . algumas espécies de Iris têm tanto uma camada dura de sementes impermeáveis quanto uma dormência fisiológica .

4. DORMÊNCIA SECUNDÁRIA

A dormência secundária ocorre em algumas sementes não dormentes e pós dormentes que estão expostas a condições que não são favoráveis à germinação, como altas temperaturas. É causada por condições que ocorrem após a dispersão da semente. Os mecanismos de dormência secundária ainda não são totalmente compreendidos, mas podem envolver a perda de sensibilidade nos receptores da membrana plasmática.

Nem todas as sementes passam por um período de dormência, muitas espécies de plantas liberam suas sementes no final do ano quando a temperatura do solo é muito baixa para germinar ou quando o ambiente está seco. se estas sementes são coletadas e semeadas num ambiente suficientemente quente e/ou úmido, germinarão. sob condições naturais as sementes não dormentes liberadas no final da estação de crescimento esperam até a primavera quando a temperatura do solo aumenta ou no caso das sementes dispersas em períodos secos até que chova e haja umidade suficiente no solo.

Sementes que não germinam porque têm frutos carnudos que retardam a germinação são quiescentes, não adormecidas. Muitas plantas de jardim têm sementes que germinarão prontamente assim que

eles têm água e são suficientemente quentes, embora os seus antepassados selvagens tenham dormido. Estas plantas cultivadas não têm dormência de sementes devido às germinações da pressão seletiva de cultivadores de plantas e jardineiros que cresceram e mantiveram plantas que não tinham dormência. As sementes de alguns manguezais são vivíparas e começam a germinar enquanto ainda estão ligadas ao progenitor; produzem uma raiz grande e pesada, que permite que a semente penetre no solo quando ela cai.

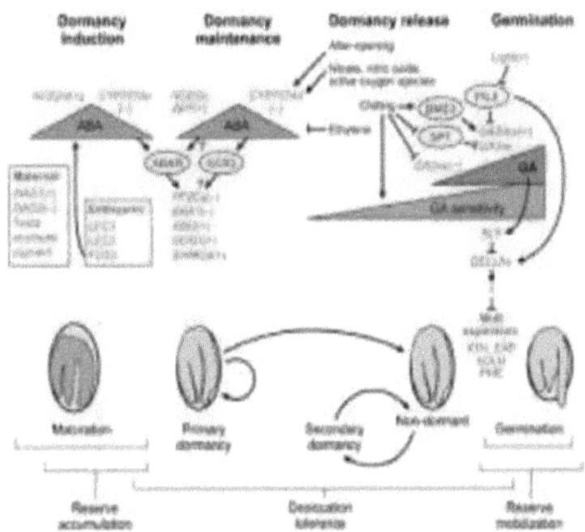

Fig: 58 Dormência Secundária

FRUTOS RIPENING

A maturação é um processo na fruta que faz com que eles se tornem mais palatáveis. A maturação dos frutos refere-se às mudanças que ocorrem durante as fases iniciais de senescência dos frutos, que os tornam aptos para o consumo. Tais mudanças incluem a cor, sabor, textura e sabor da fruta. Isso significa que as sementes estão prontas para serem dispersas.

Frutos climatéricos e não-climatéricos e papel do etileno na maturação da fruta

A mudança de maturação visível na maçã foi um aumento dramático na taxa de respiração, ou seja, no climatério respiratório.

As frutas, que amadurecem em resposta ao tratamento com etileno, também exibem climatério respiratório e são chamadas de climatério, tais como maçã, banana, tomate, manga, etc.

As frutas, que não respondem ao tratamento com etileno, não mostram climatério respiratório nem apresentam aumento significativo na produção de etileno e são chamadas de frutas não climatéricas, tais como citrinos - limão, laranjas & uvas, morango.

A Kidd & West introduz o conceito de concentração limiar de etileno para o processo de amadurecimento. Quer a fruta seja climatérica ou não climatérica, ou seja, responde ou não ao tratamento com etileno, é necessário um nível mínimo de etileno endógeno para o amadurecimento de todos os tipos de fruta.

CONTROLE HORMONAL DO AMADURECIMENTO DA FRUTA

1. Ácido Abscísico (ABA)

O ABA é altamente acumulado nos tecidos da fruta durante a maturação em frutos climatéricos o nível de ABA é constante durante a maturação, mas aumenta rapidamente durante o amadurecimento. Em frutos não climatéricos o ABA é elevado durante a maturação mas não há aumento do etileno.

2. Auxins

Actua tanto como inibidor da maturação como ao mesmo tempo promotor da biossíntese do etileno. Assim podemos utilizar as auxiliares sintéticas tanto para o amadurecimento da fruta como para o retardamento do amadurecimento.

3. Gibberellis

Atrasa o amadurecimento do fruto, degradando a clorofila e estimula a biossíntese de antocianinas e carotenóides.

4. Citoquininas

Também atrasa o amadurecimento da fruta pela degradação dos cloroplastos. No entanto, as azeitonas são excepções onde as citocininas promovem a acumulação de antocianinas.

SINTOMAS DE AMADURECIMENTO DO FRUTO

1. Textura(amolecimento da fruta)

A degradação das paredes celulares pelas enzimas celulases e pectinases resulta no amolecimento dos frutos.

2. Cor

A cor dos frutos é alterada pelos pigmentos presentes no cloroplasto ou nos vacúolos.

a) Mudanças de cor devido à conversão de cloroplasto em cromoplasto

Durante a maturação, os cloroplastos são convertidos em cromoplastos. Que são pigmentos carotenóides vermelhos ou amarelos. As alterações podem ocorrer de duas maneiras, Amarelecimento dos frutos por carotenóides pré-existentes, que são desmascarados devido ao desaparecimento da clorofila. Ex: maçãs, banana. Biossíntese de carotenóides durante a maturação. Ex: tomate, frutas cítricas.

b) Alterações de cor devido a pigmentos armazenados em buracos de vácuo:- as antocianinas

As antocianinas são pigmentos solúveis em água que se acumulam no vácuo e dão cor vermelha, azul, púrpura e cor aos frutos. Ex: maçã, uva e morango. As antocianinas saem como conjugados complexos de aglycans pais chamados como antocianinas. Existem seis antocianinas principais, que ocorrem em frutas como 3 glicosídeos.

3. Experimente

Em algumas frutas há aumento da acidez devido ao aumento dos ácidos orgânicos, como o ácido málico e o ácido cítrico.

Na maioria das frutas o amido é o alimento de reserva e convertido em açúcares para dar doçura. E também o desaparecimento de compostos fenólicos, incluindo taninos, contribui para o sabor da fruta.

O ácido cítrico é mais elevado nas frutas cítricas, goiaba, figos, morango e ácido málico é mais elevado na maçã, banana, ameixa, e etc. Nas uvas, o ácido tartárico é o ácido principal. O pH da seiva celular é sempre inferior a 7.

4. Aroma

A produção de compostos voláteis é responsável pelo aroma dos frutos. Isso inclui ácidos orgânicos, álcoois, compostos carbonílicos, lactonas, hidrocarbonetos e terpenoides.

Existem 2 precursores para os compostos voláteis,

1. Os aminoácidos de cadeia longa leucina, isoleucina e valina,
2. Os ácidos gordos insaturados. Ácidos Iinoleicos, e ácido Iinolénico.

CONTROLE AMBIENTAL DO AMADURECIMENTO DA FRUTA

1. Temperatura

O processo de amadurecimento ocorre em uma estreita faixa de temperatura. A maturação das frutas é inibida abaixo da faixa de temperatura crítica e também da temperatura limite superior em cada fruta.

2. Luz

A luz influencia a coloração da fruta. Os factores fitocromos vermelhos e de longe vermelhos são responsáveis pela acumulação de pigmentos nos frutos.

3. Composição gasosa da atmosfera

Tensão de O2

Os baixos níveis de O2 atrasam a maturação da fruta, inibindo a síntese de etileno da metionina.

tensão de CO_2

Um alto teor de CO2 inibe o amadurecimento pelo fato de atuar como inibidor competitivo da ação do etileno.

4. Pressão atmosférica

A baixa pressão atmosférica inibe o amadurecimento; há um aumento na difusividade do gás etileno, de modo que a concentração interna de etileno foi diminuída inibição dos resultados de amadurecimento.

SENESCÊNCA

Nenhuma vida é imortal, seja ela microbiana, vegetal ou animal. Na vida de uma planta superior a partir da semente podem ser vistos os seguintes estágios:

Germinação de sementes> Formação de sementes -> envelhecimento da planta-> senescência -> morte

Assim, quando uma planta atinge um certo estágio de maturidade, ela envelhece e morre. O processo de atingir a maturidade com o passar do tempo é chamado de envelhecimento. Ele leva à senescência.

A própria senescência define-se como os processos de deterioração combinados na planta madura, que levam à completa perda de organização e função e que são causas naturais de morte. Assim, a senescência acompanha o envelhecimento e fornece razões internas para a morte final da planta.

A senescência é um processo normal dependente da energia, que é controlado pelo programa genético das plantas e a morte da planta ou partes da planta em consequência da senescência é chamada de morte programada da célula.

A vida de uma planta multicelular inclui os órgãos componentes, tecidos, células, organelas celulares e metabolitos, a maioria dos quais estão sendo continuamente esgotados e renovados. A

exaustão e a renovação ocorrem em diferentes fases da vida. Na planta madura, os dois processos

Assim, quando uma planta atinge um certo estágio de maturidade, ela envelhece e morre. O processo de atingir a maturidade com o passar do tempo é chamado de envelhecimento. Ele leva à senescência.

A própria senescência define-se como os processos de deterioração combinados na planta madura, que levam à completa perda de organização e função e que são causas naturais de morte. Assim, a senescência acompanha o envelhecimento e fornece razões internas para a morte final da

estão quase em equilíbrio. Quando a renovação de vários componentes não acompanha o ritmo da sua exaustão, o órgão da planta começa a envelhecer.

TIPOS DE SENESCÊNCIA

A senescência pode ser observada em toda a planta ou em algumas partes, como em folhas, flores e frutos, etc. Dependendo da parte da planta em senescência, foi classificada em 4 categorias.

1. Senescência geral

Há senescência e morte de toda a planta, o que geralmente ocorre no final da fase reprodutiva. A maioria dos anos mostra este tipo de senescência, em que flores, frutos, folhas e, finalmente, raízes todas senescem e morrem geralmente nessa ordem.

2. Senescência de topo

É a senescência e a morte de todas as partes acima do solo. É visto em muitas perenes, nas quais a parte de cima do solo morre no final de uma estação. O rebento subterrâneo e as porções de raiz sobrevivem e dão origem a novos rebentos na estação seguinte.

3. Senescência decídua

Tudo deixa senesce e morre, deixando o caule e as raízes vivas. Em muitas tress, as flores e os frutos também senescem. Ocorre em plantas decíduas do bosque.

4. Senescência progressiva

No desenvolvimento normal da maioria das plantas anuais, há uma senescência progressiva, onde as folhas mais velhas senescem e morrem primeiro. A senescência move-se das folhas para o caule e para as partes subterrâneas.

A senescência de um órgão individual da planta é menos complexa e a senescência das folhas é representativa da planta inteira

Senescência das folhas

As folhas após certa maturidade, passam então por senescência e morte o principal objectivo da senescência é recuperar os nutrientes especialmente carbono e nitrogénio para o crescimento de folhas mais jovens e outros órgãos em desenvolvimento nessa planta.

A senescência ou abcisão de folhas em árvores decíduas é também um mecanismo para evitar condições ambientais extremas, como frio severo, e também para eliminar o excesso de íons tóxicos.

Mudanças na senescência

1. Ácido nucleico e proteínas decrescentes.
2. Aumento da actividade enzimática e do substrato resultando no seu esgotamento.
3. Mudanças nas espécies de tRNA
4. Os níveis de auxina e citocinina diminuem. O nível de etileno e ácido abscísico aumenta.
5. A imobilização de nutrientes e substratos resulta no seu esgotamento.
6. Deterioração da estrutura das organelas membranas e células -cloroplasto e mitocôndrias

7. Perda do cloroplasto e do controlo respiratório.

8. Desenvolveu-se uma cor brilhante.

Teorias para explicar o processo de senescência

Versos anuais de benefícios perenes -teoria

Algumas plantas evoluíram para anuais que morrem no final de cada estação e deixam sementes para a seguinte, onde plantas tão intimamente relacionadas na mesma família evoluíram para viver como plantas perenes. Esta pode ser uma "estratégia" programada para as plantas.

Os benefícios de uma estratégia anual podem ser a diversidade genética, como um conjunto de genes continua ano após ano, mas uma nova mistura é produzida a cada ano. Em segundo lugar, ser anual pode permitir às plantas uma melhor estratégia de sobrevivência, uma vez que as plantas podem colocar a maior parte de sua planta durante o inverno, o que limitaria a produção de sementes.

Por outro lado, a estratégia perene pode, por vezes, ser a estratégia de sobrevivência mais eficaz, porque as plantas têm um avanço a cada primavera com pontos de crescimento, raízes e energia armazenada que sobreviveram durante o inverno. Na árvore, por exemplo, a estrutura pode ser construída no ano anterior, superando outras plantas em termos de luz, água, nutrientes e espaço.

Teoria da poda da planta:

A teoria sustenta que as folhas e raízes são podadas rotineiramente durante as estações de crescimento, sejam elas anuais ou perenes. Isto é feito principalmente para as folhas e raízes maduras e é por uma de duas razões: ou as folhas e raízes que são podadas já não são suficientemente eficientes na aquisição de nutrientes ou essa aquisição de energia e recursos.

1. **1. Más razões de produtividade para as plantas se auto podarem - as plantas raramente podam jovens meristemáticos que se dividem, depois são podadas.**

A eficiência da poda é uma das razões para a auto poda - por exemplo, presumivelmente uma célula de rebentos madura deve, em média, produzir açúcar suficiente e adquirir oxigénio e dióxido de carbono suficientes para suportar tanto o açúcar como uma célula radicular de tamanho semelhante. Na verdade, como as plantas estão obviamente interessadas em crescer, é discutível que a "diretiva" da célula de rebentos média, é " mostrar um lucro" e produzir ou adquirir açúcar e gases mais do que o necessário para suportar tanto ela quanto uma célula de raízes de tamanho similar. Se este "lucro" não for mostrado, a célula de rebento é morta e os recursos são redistribuídos para "outros jovens rebentos promissores ou folhas na esperança de que eles serão mais produtivos...".

Razões de eficiência da poda de raiz - do mesmo modo, uma célula radicular madura deve adquirir, em média, mais do que os minerais e a água necessários para suportar tanto ela como uma célula de rebentos de tamanho semelhante que não adquira água e minerais se isso não acontecer, a raiz é morta e os recursos são enviados para novos candidatos de raiz jovens.

2. Falta/necessidade - razão baseada na auto poda das plantas - este é o outro lado dos problemas de eficiência

Falta de rebentos - se um rebento não está recebendo minerais e água suficientes derivados de raízes, a idéia é que ele matará parte de si mesmo, e enviará os recursos para a raiz para fazer mais raízes.

Falta de raízes - a idéia aqui é que se as raízes não estiverem recebendo açúcar e gases derivados suficientes, isso matará parte de si mesmo, e enviará os recursos para atirar, para permitir mais crescimento de rebentos.

Hormonas indução da senescência -teoria

Muitos fisiologistas de plantas sentem que a senescência é a iniciação como resultado de uma mudança no conteúdo hormonal do órgão. Um sinal hormonal é enviado dos frutos em desenvolvimento para a parte vegetativa das folhas, onde desencadeia a senescência.

1. **Poda das folhas** - é sabido que o etileno induz o desprendimento de folhas muito mais do que o ácido abscísico. A ABA recebeu originalmente o seu nome porque se descobriu que tem um papel na abcisão das folhas.

Hormônios da teoria da poda - uma nova teoria simples diz que o etileno induz a senescência nas folhas devido a um mecanismo de retroalimentação positiva, o que supostamente acontece é que o etileno é liberado pela maioria das folhas maduras sob a água e ou escassez de minerais. No entanto, o etileno age na célula da folha madura, empurrando para fora os minerais. Água, açúcar, gases e até mesmo hormônios de crescimento auxina e citocinina (e possivelmente ácido salicílico, além disso). Isto faz com que ainda mais etileno seja feito até que a folha seja drenada de todos os nutrientes.

2. Poda radicular

O conceito de que as plantas podam as raízes da mesma forma que abcissam as folhas, não é um tema bem discutido entre os cientistas vegetais, embora o fenômeno exista sem dúvida. Se se sabe que a giberelina e o brassinosteróide inibem o crescimento das raízes, é preciso apenas um pouco de imaginação para assumir que desempenham o mesmo papel que o etileno no rebento que é podar também as raízes.

Teoria da poda de raiz hormonal

Na nova teoria, tal como o etileno, a GA/BA é vista tanto como induzida pela escassez de açúcar e gás nas raízes, como empurrando açúcar e gases, bem como minerais, água e hormônios de crescimento para fora da célula raiz, causando um ciclo de feedback positivo, resultando no esvaziamento e morte da célula raiz.

Nooden e Leopold propuseram um termo " hormônio da morte" para o agente causador da senescência. O hormônio da morte é um químico, que é suposto ser produzido no desenvolvimento de sementes, de onde é translocado através do xilema para as partes vegetativas, Três químicos recentemente isolados poderiam possivelmente agir como hormônio da morte são 4 cloro indole ácido acético,4 - cloro indole aspartato de acetila, éster monoetílico e ácido jasmônico.

FATOR QUE INFLUENCIA A SENESCÊNCIA

1. Hormônios e reguladores de crescimento

As citocininas e as auxinas podem atrasar a senescência. O ABA e o etileno aceleram a

senescência.

2. Luz / Escuridão

A senescência é rápida no escuro, em comparação com o escuro. O efeito da luz sobre a senescência parece ser através da abertura do estômago. No escuro o fechamento do estômago, causa a acumulação de ABA.

3. Stress hídrico

O stress hídrico provoca a acumulação de ABA nas folhas, que é uma hormona senescente. O estresse também reduz o transporte de citocininas das raízes para as folhas, que é um hormônio antisenescente.

4. Temperatura

Temperatura elevada ou calor pode acelerar o processo de senescência. Se as plantas são mantidas a baixa temperatura. O greening e o conteúdo proteico podem ser mantidos por mais tempo, ou seja, a senescência é retardada.

5. Nutrientes

A deficiência de nutrientes, especialmente de nitrogênio, aumenta a senescência. Isto é devido aos elevados níveis de citocininas nas plantas fornecidas com nitrogênio.

I want morebooks!

Buy your books fast and straightforward online - at one of world's fastest growing online book stores! Environmentally sound due to Print-on-Demand technologies.

Buy your books online at
www.morebooks.shop

Compre os seus livros mais rápido e diretamente na internet, em uma das livrarias on-line com o maior crescimento no mundo! Produção que protege o meio ambiente através das tecnologias de impressão sob demanda.

Compre os seus livros on-line em
www.morebooks.shop

KS OmniScriptum Publishing
Brivibas gatve 197
LV-1039 Riga, Latvia
Telefax:+371 686 204 55

info@omniscriptum.com
www.omniscriptum.com

Printed by Books on Demand GmbH, Norderstedt / Germany